Beautiful Complexity

Comment les images mentales façonnent ce que nous voyons, ce que nous ne percevons pas et comment nous décidons

Jörg Klora

Première édition.

Ce livre est né d'un chemin long et magnifiquement complexe, façonné par le hasard, l'effort, et les nombreuses personnes qui m'ont aidé en cours de route. Je l'ai écrit principalement pour moi-même, car ce processus m'a apporté de la joie. Si d'autres choisissent de le lire, ce sera pour moi un trésor.

Je le dédie à ma famille — à ma femme, Anne-Cécile, et à mes fils, David et Tom.

Table des matières

Table des figures

1. Photographie provenant de la collection privée de l'auteur.
2. Image fournie par ALBA, utilisée avec permission.

3. Image fournie par l'Agence de l'Union européenne pour l'asile (EUAA), utilisée avec permission.

Introduction

Images mentales et leurs limites

J'avais toujours été bon en physique, suffisamment pour qu'on me permette d'entrer à l'université sans avoir l'Abitur général – et même enfant, je voulais appartenir à la "tribu de la physique". Je voulais argumenter comme eux, penser comme eux, parler comme eux. À cet âge, avoir raison en physique ressemblait à une forme d'identité.

Ainsi, lorsque je discutais des oscillations avec un étudiant en physique pendant une partie de tennis de table, je répétais avec assurance une phrase que je venais d'apprendre à l'école :

> *"La fréquence du pendule ne dépend pas de l'amortissement."*

Il m'a dit que c'était faux.

Pas presque faux.

Juste faux.

Je me souviens encore du choc et de la gêne qui a suivi. Je n'avais pas encore compris que la phrase était didactiquement presque juste – un raccourci délibéré. J'étais en colère contre mon professeur de m'avoir embarrassé, même indirectement, devant le groupe auquel je voulais appartenir. Il me semblait incompréhensible que quelqu'un enseigne quelque chose de faux juste pour faciliter une explication.

Bien sûr, cela paraît ridicule maintenant – mais cette aversion pour la simplification excessive m'a accompagné toute ma vie.

Les raccourcis ne fonctionnent que lorsque l'on connaît les limites.

Je ne les connaissais pas.

Et parce que je ne les connaissais pas, j'ai trop fait confiance à la simplicité de la phrase. Cela ressemblait à du savoir. Cela ressemblait à l'appartenance.

Au lieu de cela, ce fut ma première vraie leçon sur la manière dont un modèle simplifié peut être dangereusement persuasif lorsqu'il est présenté comme une vérité universelle.

Avec le recul, l'erreur était triviale.

À l'époque, elle semblait existentielle.

J'ai compris quelque chose qui ne m'a jamais quitté : une simplification, une fois absorbée, devient une image mentale – et les images mentales ont tendance à se figer en faits.

Ce livre parle de ces images : comment nous les construisons, comment nous en tombons amoureux, comment elles nous guident, et comment elles nous induisent silencieusement en erreur. Et, comme les chapitres suivants le montreront, comment ces images réapparaissent dans des lieux auxquels on ne s'attendrait jamais – dans le management, l'éducation des enfants, la politique, le raisonnement scientifique – et même le jugement moral.

Toutes les images mentales ne se valent pas.

Certaines sont profondément utiles.

D'autres sont des mensonges confortables.

La plupart sont un mélange des deux.

Et pourtant, nous nous y accrochons avec l'innocence de quelqu'un qui tient une carte à l'envers et se demande pourquoi les rues ne s'alignent pas.

Le placard à balais et la cathédrale

Au fil des années, j'ai commencé à voir le même schéma partout : dans les laboratoires de physique, dans le raisonnement juridique, à l'école de commerce, dans l'administration publique européenne, dans ma propre famille, et en moi-même.

Le monde ressemble à une cathédrale de la complexité, mais nous y entrons par un placard à balais.

On ouvre la petite porte en bois en s'attendant à un court couloir. Au lieu de cela, on trouve des arches, des voûtes, et une structure qui ne se révèle pas d'un seul coup. Les premiers mètres sont bien éclairés. Le reste disparaît dans l'ombre.

Dans cette petite zone éclairée – le placard à balais – nous construisons nos images mentales. Elles sont ordonnées, maniables, et rassurantes. Mais la cathédrale continue bien au-delà de nos diagrammes.

Les chapitres suivants reviendront sur cette métaphore sous différents angles : lorsque les institutions se comportent de manière imprévisible, lorsque les stéréotypes prennent le dessus, lorsque le modèle de l'équité s'effondre, et lorsque la méthode scientifique devient nécessaire simplement pour nous garder honnêtes.

> Le danger n'est pas la simplification elle-même. La simplification est nécessaire.
>
> Le danger est d'oublier que la simplification n'est qu'un croquis.

Aimer les images mentales sans devenir leur prisonnier

Je dois avouer quelque chose dès le début : j'ai toujours admiré les images mentales.

Une bonne abstraction ressemble à l'intelligence rendue tangible. Les tests de QI récompensent la capacité à repérer un motif et à l'étendre d'un pas, et j'ai toujours été fier de pouvoir le faire rapidement. Une image mentale claire donne de l'orientation, réduit la peur, et permet d'entrer dans un nouveau domaine avec le sentiment réconfortant de comprendre à peu près la forme des choses.

Mais cette force a un revers : ne pas devenir prisonnier de ses propres modèles.

Quand une image mentale fonctionne bien, il devient tentant de l'utiliser partout. Nous commençons à projeter de la structure là où il n'y a que du bruit, à voir des motifs là où rien ne se déploie, à faire confiance au petit coin éclairé de la cathédrale en oubliant combien reste dans l'obscurité.

Le problème n'est que rarement le modèle lui-même. Le problème est de se souvenir quand il faut le lâcher.

Ce livre est une tentative de pratiquer cette discipline — parcourir la cathédrale avec la lumière allumée, apprécier la beauté des structures mentales sans les confondre avec la réalité, et rester honnête sur tout ce que nous ne savons tout simplement pas.

L'universalité de la même erreur

J'ai passé treize ans à étudier la physique. Pas la cosmologie glamour aux confins de l'univers, mais celle qui enseigne l'humilité : structures des niveaux nucléaires, spectroscopie gamma, mesures de durée de vie dans lesquelles le chevauchement des signaux complique l'interprétation au-delà des modèles théoriques.

Plus tard, j'ai travaillé dans le droit, où la complexité ne vient pas des neutrons mais des mots. Puis à l'école de commerce, où la clarté est parfois fabriquée pour la commodité. Puis dans l'administration publique, où la complexité n'apparaît pas dans des équations mais dans les procédures, les incitations, la politique, et la mémoire institutionnelle.

Et partout le même schéma est apparu :

Les gens agissent en fonction des images mentales qu'ils ont – pas du monde tel qu'il est.

Cela m'inclut.

Ce livre n'est pas écrit de l'extérieur, comme si j'étais immunisé. Il est écrit de l'intérieur de la même machinerie cognitive que nous partageons tous. Et si certains chapitres ultérieurs semblent critiques, ils s'appliquent à moi au moins autant qu'à quiconque.

Pourquoi ce livre existe

Pendant des années, j'ai essayé de comprendre pourquoi des personnes intelligentes et bien intentionnées se disputaient violemment alors qu'elles semblaient avoir les mêmes informations.

Pourquoi certaines décisions semblaient simples de loin mais impossibles de près.

Pourquoi une organisation qui comprenait parfaitement sa propre complexité sur le papier se comportait comme si elle était simple en pratique.

Pourquoi les experts, malgré leur expertise, pouvaient avoir tort avec une confiance que les novices ne pouvaient qu'admirer.

Pourquoi les rituels de gouvernance apportaient du réconfort sans véritable compréhension.

Pourquoi moi-même je pouvais prédire presque parfaitement des films mais échouer à prévoir des événements simples de la vie.

Peu à peu, la réponse est apparue :

Nous ne vivons pas dans le monde. Nous vivons dans notre image mentale du monde.

Et ces images — utiles, fragiles, incomplètes — entrent constamment en collision.

Ce livre rassemble les histoires où j'ai remarqué cette collision le plus clairement. Certaines réapparaissent dans les chapitres suivants comme exemples de la manière dont la simplification grandit en certitude, ou de la manière les images mentales se détériorent en stéréotypes, ou comment les rituels institutionnels naissent de la peur.

> Il ne prétend pas que mes expériences sont générales ou universelles.
>
> Certaines peuvent être mal interprétées.
>
> Certaines peuvent être fausses.
>
> Toutes sont honnêtes.

Un but modeste

Ce n'est pas un livre qui offre cinq outils pour la clarté opérationnelle ou quatre étapes pour simplifier la prise de décision. Ce serait simplement remplacer un placard à balais par un autre.

Au lieu de cela, le but est modeste :

Vous faire prendre conscience de l'écart entre votre image mentale et le monde – et montrer pourquoi reconnaître cet écart n'est pas une faiblesse mais une hygiène intellectuelle.

Quand je pense à ce que ce livre essaie d'accomplir, une image me vient toujours à l'esprit : le sauteur en hauteur qui veut franchir une barre. Il y a deux façons de réussir. On peut s'entraîner plus dur, ou on peut baisser la barre discrètement. Le premier chemin est exigeant ; le second est élégant, immédiat, et étonnamment tentant.

La plupart d'entre nous baissent la barre sans s'en rendre compte.

Nous remplaçons le monde désordonné par des images mentales : des versions plus propres, plus simples, plus confortables de la réalité. Ces images nous aident à fonctionner, mais elles nous empêchent aussi de voir ce qui se passe réellement.

Daniel Kahneman a écrit un jour qu'après vingt ans d'étude des biais cognitifs, il pouvait les voir partout – sauf en lui-même. Cette phrase décrit parfaitement la première étape pour gérer la complexité : remarquer comment la simplification fonctionne dans notre propre esprit, pas seulement chez les autres.

L'entraînement à la complexité commence quand on cesse de baisser la barre et qu'on commence à regarder les moments où nos images simples échouent. Accepter que la complexité existe est déjà un accomplissement. Apprécier la complexité – la voir comme une source de clarté plutôt que de confusion – est un pas bien plus grand.

Ce livre parle de faire ce pas.

1 La séduction des diagrammes simples

Le diagramme de Dunning-Kruger qui a trompé des millions de personnes

Il y a une image que vous avez presque certainement vue. Elle apparaît dans des présentations, des retraites de direction, sur LinkedIn, des séminaires de management, et probablement sur un mug quelque part. Elle montre une courbe nette : la confiance commence haute, chute dans une vallée, puis remonte lentement à mesure que l'expertise grandit. Le célèbre diagramme de Dunning-Kruger.

Sauf que ce n'est pas le diagramme de Dunning-Kruger.

La recherche originale n'a jamais produit cette forme. La version en diagramme simplifie l'étude en quelque chose de propre, visuel et émotionnellement satisfaisant. Elle raconte une histoire que nous aimons : que les débutants sont trop confiants, que les experts sont humbles, et qu'au milieu se trouve la "zone dangereuse" de la demi-connaissance.

L'ironie, que je trouve toujours délicieuse, est que l'image que nous utilisons pour mettre en garde contre la surconfiance est elle-même un parfait exemple de surconfiance. Nous faisons confiance à l'image parce qu'elle semble juste, pas parce qu'elle est vraie.

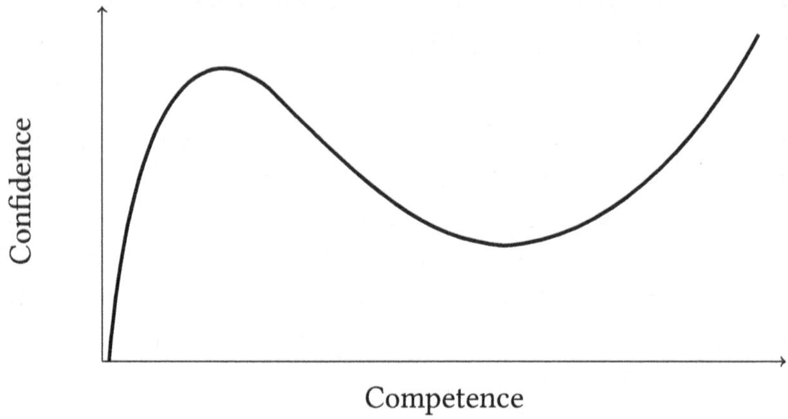

FIGURE 1.1 – Le célèbre graphique du « mont stupide » n'est pas basé sur des données. Il exagère l'effet et renforce des stéréotypes plutôt que d'apporter de la compréhension. La courbe réelle est bien plus plate et nuancée.

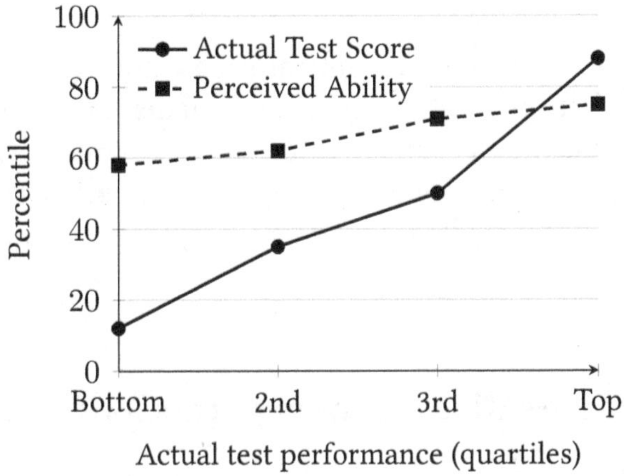

FIGURE 1.2 – Capacité perçue à reconnaître l'humour en fonction de la performance réelle. Reproduit d'après Kruger & Dunning (1999), *Unskilled and Unaware of It*, JPSP 77(6), 1121–1134. L'effet est réel — mais plus modeste que ce que suggèrent les illustrations populaires.

Et pourtant, même en sachant cela, je ne peux nier que l'image résonne parfois avec ma propre expérience. Pas parce que la recherche la soutient, mais parce que j'ai rencontré beaucoup de personnes dans la vie professionnelle dont la confiance et la compétence s'étaient éloignées. L'image exprime quelque chose de reconnaissable – juste pas quelque chose de scientifiquement mesuré.

Il y a même une raison plus inconfortable pour laquelle le diagramme persiste : c'est facile. C'est visuellement simple. Et la simplicité, quand elle semble intuitive, l'emporte – une dynamique qui reviendra dans les chapitres suivants chaque fois que des institutions tombent amoureuses de la mauvaise image mentale.

Pourquoi les diagrammes paraissent plus vrais que la réalité

Nous sommes attirés par les diagrammes de la même manière que nous sommes attirés par des récits clairs. Ils transforment des faits désordonnés et multidimensionnels en formes apparemment bien ordonnées. Ils rendent les problèmes saisissables.

Il y a des années, j'ai appris cela de la manière la plus directe, presque embarrassante. J'expliquais un problème organisationnel complexe à quelqu'un et j'ai instinctivement dessiné un diagramme en boîte-et-flèche. Immédiatement, la conversation s'est améliorée. Le diagramme n'était pas exact – pas du tout – mais il était utile. C'était une image mentale rendue visible.

C'est le pouvoir secret des diagrammes : pas la précision, mais la coordination.

Quand deux personnes regardent une image, elles cessent d'imaginer des choses différentes. Elles négocient à l'intérieur du même cadre visuel. Cela seul suffit à rendre les diagrammes irrésistibles.

Les consultants et le commerce des images portables

Les consultants comprennent cela mieux que quiconque. Ils vivent d'images mentales portables : le diagramme à quatre quadrants, la courbe de maturité, le chemin doré, l'évaluation au feu tricolore. Ces diagrammes ne sont pas le produit ; ils sont le produit.

> Les clients n'achètent pas l'expertise.
>
> Ils achètent le sentiment de clarté qu'une image astucieuse crée.

Des années plus tôt, pendant mon passage à l'école de commerce, j'étais entouré de personnes qui allaient devenir des leaders dans le transport maritime, les musées, la finance, l'assurance et l'art. Des gens brillants. Des gens que j'admire. Et pourtant, même dans cet environnement, les diagrammes sont devenus une sorte de monnaie. Ils circulaient plus vite que les idées. Ils créaient de l'alignement plus rapidement que les rapports.

Mais les diagrammes formatent aussi la pensée. Une fois que vous adoptez un cadre, vous commencez à voir le monde à travers sa géométrie. Les quatre quadrants apparaissent partout. La courbe en S devient une vision du monde. Et quelque chose de subtil se produit : vous cessez de vous demander si l'image est appropriée et vous demandez plutôt où les choses s'insèrent à l'intérieur.

Une image mentale devient une prison mentale — la première étape d'un schéma qui nous accompagnera tout au long de ce livre.

La simplicité de l'autre côté de la complexité

J'ai vécu cela tellement de fois que cela mérite un nom — je l'appelle *simplicité de l'autre côté de la complexité.*

Il y a la simplicité superficielle — l'idée simple avec laquelle on commence parce qu'on ne sait pas encore assez.

Puis vient la complexité — les exceptions, les cas particuliers, les systèmes qui ne se comportent pas comme prévu, les interactions imprévues.

Et avec assez de temps, de travail, d'échecs et de curiosité, parfois apparaît une troisième étape : *belle simplicité.*

Cette simplicité finale n'est pas la même que la première. C'est la simplicité de l'autre côté de la complexité. Elle est passée par la vallée. Elle a vu la cathédrale derrière la porte du placard à balais. Elle omet moins et explique plus.

Mais même les modèles beaux restent des modèles. Ils s'appliquent dans des limites. Ils se brisent en dehors.

Le danger est de s'arrêter trop tôt. Les gens s'accrochent souvent à la première simplicité et la prennent pour une profonde compréhension. D'autres se noient dans la complexité et ne reviennent jamais à la clarté. Le vrai travail se situe dans le voyage d'une simplicité à l'autre — un voyage qui fait écho à beaucoup des chapitres suivants, des stéréotypes à l'équité en passant par la pensée scientifique.

La fonction sociale des diagrammes

Au-delà de la logique, les diagrammes ont une fonction sociale. Ils facilitent les conversations. Ils réduisent les conflits. Ils donnent aux équipes un langage commun. Ce sont des outils diplomatiques déguisés en outils analytiques.

Cela m'est devenu évident quand j'ai géré pour la première fois plusieurs équipes. Chaque équipe avait son propre modèle mental de la réalité. Un diagramme pouvait rendre ces modèles visibles sans transformer la réunion en dispute.

> Ce n'était pas que le diagramme avait raison.
>
> C'était que tout le monde avait tort de manière compatible.

Ce rôle d'alignement doux des diagrammes annonce les rituels procéduraux que les chapitres suivants explorent — ceux que les institutions utilisent non pas pour comprendre la réalité, mais pour s'accorder sur une version avec laquelle elles peuvent vivre.

Le vrai danger : oublier que les diagrammes sont des diagrammes

> Le vrai risque n'est pas la simplification excessive – le monde est trop complexe pour ne pas simplifier.
>
> Le risque est d'oublier que les diagrammes mentent.

Ils omettent le temps.

Ils omettent le comportement humain.

Ils ignorent les exceptions.

Ils effacent l'incertitude.

Ils cachent l'inertie organisationnelle.

Ils simplifient les incitations.

Ils prétendent que les entrées conduisent proprement aux sorties.

Mais la réalité est élastique. Les systèmes s'adaptent. Les gens résistent. Les effets secondaires s'accumulent. Et pendant que le diagramme reste le même, le monde continue de bouger.

> Nous n'avons pas besoin d'abandonner les diagrammes.
>
> Nous devons nous souvenir de leur nature.

Ce sont des esquisses, pas des structures.

Ce sont des outils, pas des vérités.

Ils nous aident à voir – mais seulement si nous ne confondons pas voir et comprendre.

Et cette tension – entre la clarté séduisante d'une image et la complexité indomptable du monde – est le fil qui relie ce chapitre au reste du livre.

2 Stéréotypes

Pourquoi les stéréotypes et les images mentales vont de pair

Dans le chapitre précédent, nous avons célébré les images mentales pour leur clarté et leur efficacité.

Les stéréotypes, en revanche, sont presque universellement condamnés.

Pourtant, du point de vue cognitif, ils sont construits de la même manière.

Un stéréotype est simplement une image mentale appliquée à un être humain.

- Les deux compressent la complexité.
- Les deux éliminent les détails.
- Les deux opèrent de manière subconsciente.
- Les deux génèrent des attentes bien avant que les preuves n'arrivent.
- Les deux semblent plus vrais qu'ils ne le sont.

Les stéréotypes sont les cousins laids des images mentales – construits de la même façon, mais moins flatteurs.

Mais précisément parce qu'ils sont si visiblement imparfaits, ils révèlent quelque chose de précieux :

les stéréotypes nous montrent ce qui peut mal tourner lorsque les images mentales dépassent leurs limites.

Ils exposent comment la simplification peut se durcir trop vite, comment les catégories omettent un contexte important, et à quel point nous oublions facilement les limites d'applicabilité.

En ce sens, les stéréotypes sont des erreurs tracées en traits gras — et ces traits gras nous aident à voir les limites de nos raccourcis cognitifs.

C'est pourquoi les stéréotypes ont leur place ici.

Ils sont des démonstrations, non des accusations — des exemples concrets de ce qui arrive lorsque les schémas nets du Chapitre 1 sont appliqués aux personnes plutôt qu'aux processus.

L'étiquette qui rétrécit une personne

Et nulle part cela ne se manifeste plus clairement que dans la rapidité avec laquelle l'identité professionnelle devient un stéréotype.

Dans l'informatique — un domaine où j'ai beaucoup travaillé — les étiquettes définissent souvent les interactions avant même qu'elles ne commencent. Une fois que vous êtes "le gars de l'IT", les gens supposent vos intérêts, votre vocabulaire, vos compétences, vos limites, et même votre personnalité.

C'est pareil partout :

— Les avocats deviennent "les légalistes".

- Les médecins deviennent “les médicaux”.
- Les psychologues deviennent “les émotionnels”.
- Les scientifiques deviennent “les rationnels”.
- Les managers deviennent “les politiques”.

Une étiquette compresse un humain en une seule dimension explicative.

Les gens cessent d’interagir avec la personne et commencent à interagir avec leur raccourci mental.

Tout comme l’équité compresse une situation en un simple sentiment, les stéréotypes compressent une personne en un simple contour.

Les deux sont des formes de simplicité superficielle — ce genre de clarté de premier jet qui semble satisfaisante, mais que les chapitres suivants montreront comme dangereusement incomplète.

Changements d’identité culturelle : une cible mouvante

Quand j’étais jeune, j’ai grandi en Bavière, qui occupe une place particulière dans l’imaginaire allemand.

La Bavière est perçue comme quelque chose de différent : bruyante, traditionnelle, têtue, amatrice de bière, parfois même un peu ridicule.

Puis je suis parti en France.

En France, soudainement j'étais "l'Allemand", ce qui venait avec une image mentale très différente : discipliné, structuré, sérieux, quelqu'un qui suit les règles.

Je me souviens avoir trouvé étrange que je n'aie pas changé du tout, et pourtant l'image mentale que les gens projetaient sur moi avait complètement basculé.

Plus tard, je suis entré dans des environnements internationaux, et j'ai réalisé à nouveau que les catégories que les gens utilisent – "Allemand", "Français", "Bavarois" – ne sont pas des descriptions.

Ce sont des étiquettes, des raccourcis que l'esprit utilise parce que le monde est trop riche pour être pleinement appréhendé.

Et une fois qu'une étiquette est appliquée, elle vous rétrécit.

Les gens cessent de vous voir comme un individu ; ils interagissent avec la catégorie.

Ce fut la première fois que j'ai compris à quel point les images mentales sont puissantes, et à quel point elles ont peu à voir avec la réalité.

L'identité se comporte comme une fonction du contexte, pas comme une propriété de la personne.

Un individu peut être :

- un héros local dans sa ville natale
- un étranger à deux heures de là

– un représentant régional dans son propre pays
– un représentant national à l'étranger
– un représentant professionnel dans des réunions interdisciplinaires
– un représentant idéologique dans le mauvais contexte.

L'étiquette change selon ce que les autres ont besoin qu'elle représente.

Mais la personne reste la même.

> C'est ce qui rend les stéréotypes si séduisants :
>
> ils semblent cohérents, même quand ils ne le sont pas.

L'illusion du nombre de langues

Même la façon dont nous parlons de la compétence linguistique montre à quel point nos raccourcis mentaux peuvent être réductionnistes. Les gens demandent souvent : "Combien de langues parlez-vous ?" comme si la capacité linguistique était une quantité qu'on pourrait exprimer en nombres entiers. La différence entre parler deux et trois langues est traitée comme monter d'un niveau dans un jeu vidéo – plus doit être mieux.

Mais le nombre lui-même cache presque tout ce qui est important.

La connaissance d'une langue a des dimensions : profondeur, nuance, fluidité, registre, contexte, humour, confiance, et même identité. Rien de tout cela ne survit lorsqu'on compresse en un seul chiffre.

J'ai toujours été amusé par la façon dont nous acceptons cette réduction avec désinvolture.

Même après quarante ans à parler français à la maison, je suis encore la cible facile des blagues familiales quand je rate une liaison. Leurs oreilles "sonnent" prétendument à cause de l'impact. C'est affectueux, mais cela prouve le point : la différence entre parler une langue et l'habiter ne peut pas être comptée.

Une partie vient du tempérament — je suis un penseur visuel, pas auditif; les langues s'installent différemment dans mon esprit.

Une partie vient de la personnalité — je n'aime pas faire des erreurs, ce qui est un terrible handicap pour apprendre une langue.

Mais la plupart vient simplement de la réalité : les langues vivent sur un spectre, et nous transformons ce spectre en un nombre parce que les nombres semblent plus solides que la nuance.

Le plus drôle, c'est que nous n'appliquerions jamais cette logique à autre chose d'important.

> Nous ne disons pas que quelqu'un "joue 3 musiques".
>
> Ou "ressent 4 émotions".
>
> Ou "vit dans 2 cultures".

Et pourtant, avec les langues, nous acceptons l'illusion sans hésitation.

C'est pourquoi l'exemple des langues appartient à un chapitre sur les stéréotypes :

nous aplatisons la complexité des autres, mais nous nous aplatisons souvent de la même manière.

Au moment où nous transformons une compétence à multiples couches en un simple compte, nous cessons de voir la personne – y compris celle dans le miroir.

Quand la langue devient un raccourci pour l'intelligence

Lorsque nous sommes retournés en France, nous avons dû ouvrir un compte bancaire. Ma femme et moi étions assis en face du directeur de la banque, et dès la première minute il est devenu clair qu'un seul de nous existait dans son image mentale.

Il s'adressait exclusivement à ma femme.

Il ne m'a jamais répondu directement, même si je parlais français quotidiennement depuis dix ans à ce moment-là. Mon français était fluide – certainement avec un accent, mais pleinement fonctionnel.

Puis est venu le moment qui est depuis devenu une phrase fixe dans notre foyer.

Nous n'avions pas encore d'adresse, et les documents devaient être envoyés par courrier. Le directeur de la banque a regardé ma femme et, avec un sérieux complet, a demandé :

"Vous pensez qu'il sait aller à la poste ?"

"Il", c'est-à-dire moi, assis à deux mètres – ressemblait apparemment à quelqu'un dont le principal défi intellectuel semblait être de trouver une boîte aux lettres.

Ce n'était pas malveillant. C'était un raccourci mental.

Dans son image, l'étranger avec un accent doit avoir des capacités cognitives limitées.

J'étais simplement tombé dans la mauvaise catégorie.

Un phénomène similaire s'est produit des années plus tôt en Espagne. Je suis allé changer les pneus de ma voiture et, malheureusement, j'ai oublié le mot *neumático*. Un problème mineur de vocabulaire.

Le commerçant, voulant être serviable, a supposé qu'il manquait quelque chose de beaucoup plus grand.

Il a commencé à m'expliquer le concept de roue – très patiemment, comme s'il avait découvert un voyageur temporel qui aurait raté les 6 000 dernières années de progrès technologique humain.

Il décrivait comment "les choses rondes sous la voiture" l'aident à avancer, la maintiennent stable, et ainsi de suite. Je suis resté là en pensant :

"Oui, merci, il me manquait en fait juste un nom – pas tout l'âge du bronze."

Encore une fois : pas malveillant.

Juste un autre raccourci mental remplissant un vide avec un stéréotype.

Ces petits épisodes sont comiques, mais ils viennent du même mécanisme qui — à plus grande échelle et dans des contextes plus sérieux — apparaîtra encore dans les chapitres suivants.

Tenir les contradictions : comment les images mentales simplifient trop vite

Le même raccourci cognitif apparaît non seulement dans la façon dont nous étiquetons les gens, mais aussi dans la façon dont nous formons des attentes à propos de systèmes entiers. Une des choses qui me fascine est la facilité avec laquelle l'esprit peut tenir des contradictions.

Un bébé peut laisser tomber un objet encore et encore parce que le bruit l'amuse, et en même temps pleurer parce que l'objet est "perdu".

Les deux réactions sont authentiques.

Elles coexistent.

La contradiction n'est pas un bug; il est simplement trop tôt pour que l'esprit exige la cohérence.

Les adultes font la même chose — seulement avec des objets plus compliqués.

Demandez aux gens si le gouvernement devrait dépenser moins, et beaucoup diront oui.

Demandez-leur, une minute plus tard, si le gouvernement devrait dépenser plus pour la défense, la recherche, la protection sociale, l'éducation, la santé, les infrastructures, la protection de l'environnement — et ils diront aussi oui à presque chaque poste.

Le total devrait être plus bas, mais chaque partie devrait être plus élevée.

Pas d'hypocrisie.

Pas de malveillance.

Juste une image mentale qui s'est simplifiée trop vite.

Cette capacité à entretenir des attentes contradictoires n'est pas du tout quelque chose contre quoi il faut argumenter.

Elle fait partie de la façon dont la cognition humaine gère une complexité écrasante — la même complexité que les chapitres suivants sur les institutions et la gouvernance affronteront à plus grande échelle.

Mais c'est aussi un rappel de plus que les récits que nous nous racontons — sur les gens, sur la politique, sur nous-mêmes — sont souvent moins cohérents qu'ils n'en ont l'air.

Pourquoi les étiquettes sont si séduisantes

Les étiquettes survivent parce qu'elles sont peu coûteuses cognitivement.

Elles économisent de l'effort.

Elles réduisent l'incertitude.

Elles créent de la prévisibilité là où il n'y en a pas vraiment.

Mais elles nous coûtent :

- de la nuance
- de la précision
- de l'ouverture
- de l'empathie
- de la curiosité

Les étiquettes se comportent comme des petits diagrammes d'êtres humains – élégants, compacts, nets, et dangereusement incomplets.

Elles nous permettent d'arrêter de penser bien avant d'avoir compris quoi que ce soit.

Aller au-delà de l'illusion

Les stéréotypes et l'équité partagent la même architecture cognitive :

- tous deux naissent d'une simplification précoce
- tous deux génèrent une certitude émotionnelle
- tous deux compressent la complexité en une seule catégorie
- tous deux créent des illusions qui semblent vraies
- tous deux s'effondrent à un examen plus attentif

Le but n'est pas d'éliminer ces mécanismes – c'est impossible.

Le but est de les voir.

La conscience est ce qui transforme la simplicité superficielle en belle simplicité.

Quand on remarque une étiquette, on peut voir une personne à nouveau.

Quand on remarque un point de référence, on peut juger l'équité plus honnêtement.

Quand on remarque le raccourci, on peut choisir de lui faire confiance ou non.

Voir l'illusion est le début de la compréhension.

Pas pour démanteler les images mentales, mais pour les utiliser consciemment – et honorer la complexité qu'elles tentent de simplifier, une fondation sur laquelle les chapitres suivants s'appuieront alors que ces mêmes mécanismes réapparaîtront dans les institutions, la prise de décision, et la pensée scientifique.

3 Biais cognitif : le confort des images fausses

Il y a un étrange plaisir à avoir raison, même quand ce n'est pas le cas.

Pas le plaisir de la vérité – le plaisir de la cohérence.

L'esprit humain n'est pas optimisé pour la précision ; il est optimisé pour la stabilité. Il préfère une image mentale fausse mais confortable à une image correcte mais inconfortable.

Le biais n'est pas une stupidité.

Le biais est une architecture.

Il maintient la structure interne de notre monde mental de la même manière que les poutres maintiennent la structure d'une maison. Si une poutre bouge, tout peut s'effondrer.

Le biais n'est pas un défaut à éliminer.
C'est une force à comprendre.

Le jeu 3–6–9 : Le biais que nous reconnaissons tous instantanément

L'une des démonstrations les plus claires du biais de confirmation est un petit exercice élégant utilisé en psychologie : le **jeu 3–6–9**.

Une séquence est donnée : **3, 6, 9**.
La règle derrière la séquence n'est pas énoncée.
Les participants proposent d'autres suites, et l'expérimentateur répond si elles correspondent à la règle.

Presque tout le monde propose :

12, 15, 18
21, 24, 27

L'expérimentateur confirme : *"Oui, ça correspond."*

Et presque tout le monde conclut :

"La règle est : nombres augmentant de 3."

Mais la vraie règle est simplement :

"N'importe quels nombres croissants."

Une séquence telle que
2, 3, 10

Ou
7, 8, 100
convient aussi parfaitement.

Ce qui est remarquable, ce n'est pas l'erreur.

Ce qui est remarquable, c'est que **tout le monde comprend immédiatement ce qu'il aurait dû faire** une fois la solution révélée.

> Ils auraient dû essayer de *falsifier* leur théorie.
>
> Mais au lieu de cela, ils ont essayé de *la confirmer.*

Tout le monde saisit la leçon instantanément — et avec elle, la vitesse à laquelle l'esprit défend la première image mentale qu'il a formée :

- On teste une hypothèse en essayant de la casser.
- On évalue une règle en testant ses limites.
- On comprend un modèle en explorant où il échoue.

En d'autres termes :

Bien penser signifie tenter de réfuter sa propre idée.

Et cela va directement à l'encontre de ce que la société récompense.

Les réseaux sociaux ne vous demandent pas de falsifier vos croyances.

Les algorithmes ne remettent pas en question vos préférences.

L'intelligence artificielle ne demande pas : "Qu'est-ce qui vous prouverait que vous avez tort?"

Les moteurs de recherche adaptent les résultats à ce que vous pensez déjà.

Les fils d'actualité vous montrent des gens qui sont d'accord avec vous.

L'écosystème informationnel moderne murmure sans cesse :

"Tu as raison."

"Tu avais raison avant."

"Tu auras encore raison."

"Tu as toujours eu raison."

Le jeu 3–6–9 est un petit acte de rébellion intellectuelle.

Il enseigne le contraire de ce que le monde numérique encourage.

Il enseigne la question inconfortable :

"Quel résultat me prouverait que j'ai tort?"

La plupart des gens ne la posent jamais.

Et c'est pourquoi le biais de confirmation est si puissant :

il offre le confort de la certitude sans le fardeau de la vérification.

Pourquoi le biais de confirmation rend les images mentales dangereuses

Le biais de confirmation est aussi la raison pour laquelle les images mentales deviennent dangereuses. Une image mentale est censée être un outil, un moyen de simplifier une réalité complexe assez longtemps pour la comprendre. Mais une fois qu'un outil devient confortable, l'esprit cesse de voir ses limites. L'image familière devient la lentille par défaut, et chaque situation commence à ressembler à la forme de cette lentille.

C'est l'équivalent cognitif du vieux dicton :
"Quand on a un marteau, tout ressemble à un clou."

> Le biais fait quelque chose de subtil :
>
> il défend le marteau.

Il nous convainc que le marteau est toujours le bon outil,

que le problème *est* vraiment un clou,

que les preuves contradictoires sont sans importance,

et que la faute vient de la situation, pas du modèle.

Les images mentales deviennent dangereuses non pas parce qu'elles sont fausses,

mais parce que **le biais de confirmation les maintient vraies bien après qu'elles ont cessé d'être utiles.**

Ce n'est pas la simplification qui cause du tort –

c'est la loyauté envers la simplification.

Pour les lecteurs qui souhaitent une taxonomie plus approfondie des biais cognitifs, *Thinking, Fast and Slow* de Kahneman reste une référence incontournable. Ce livre prend un chemin différent – il ne catalogue pas les biais mais examine les images mentales qui rendent ces biais possibles.

Désir – Croyance – Argument : La chaîne causale cachée

Quand nous pensons raisonner, nous faisons généralement quelque chose de beaucoup plus simple et émotionnel.
La séquence intérieure est presque toujours :

1. **Désir** – nous voulons que quelque chose soit vrai
2. **Croyance** – nous commençons à croire que c'est vrai
3. **Argument** – nous construisons des raisons pour le justifier

Nous aimons imaginer que la raison mène et que l'émotion suit. Mais psychologiquement, la chaîne suit généralement la direction opposée.

Nous **ressentons** d'abord,

puis nous **croyons**,

puis nous **justifions**.

C'est pourquoi les arguments changent rarement les esprits. Les gens croient à leur position parce qu'ils *veulent* que leur position soit vraie.

À moins que le désir ne change, la croyance ne bouge pas. L'argument n'est que la couche décorative que nous ajoutons par-dessus.

Polarisation : Quand le désir détourne le raisonnement

La séquence désir–croyance–argument est le squelette de la polarisation.

Quand un groupe *veut* que quelque chose soit vrai, chaque événement devient une confirmation :

- Les contradictions sont interprétées comme des anomalies.
- Les nuances deviennent des menaces.
- Les opposants deviennent des ennemis.
- Les preuves sont réorganisées en "pour nous" et "contre nous".

Le raisonnement ne guide pas le groupe.

C'est le désir qui le fait.

La polarisation n'est pas causée par le désaccord.

Elle est causée par un **raisonnement guidé par le désir**, où les gens protègent leur image mentale interne à tout prix.

Plus le désir est fort, plus la croyance est forte.

Plus la croyance est forte, plus l'argument est extrême.

Plus l'argument est extrême, plus la polarisation est profonde.

Aucune nouvelle information ne peut pénétrer le système car la structure devient étanche.

L'exemple de l'arbitre de football

J'ai toujours trouvé l'exemple de l'arbitre de football convaincant, mais pour des raisons plus personnelles que théoriques. Je me surprends à le faire moi-même. Mon équipe de cœur est le Bayern München, et bien que je n'aie aucune raison rationnelle de préférer un groupe de professionnels extrêmement bien payés à un autre légèrement moins bien payé (du moins dans le climat actuel de la Bundesliga), je veux quand même sincèrement que "mon" équipe gagne.

Et je trouve toujours cela un peu étrange quand je remarque ce sentiment.

Il ne repose pas sur un principe.

Il ne repose pas sur une loyauté au sens profond.

C'est simplement qu'un match devient moins intéressant si je ne prends pas parti.

Alors, je supporte le Bayern.

Et dès que je le fais, l'arbitre devient soudain suspect. Des décisions qui seraient tout à fait "normales" dans un mat où je n'ai aucun intérêt émotionnel semblent soudain biaisée Une faute *doit être* délibérée. Un penalty contre mon camp *doi être* injuste. Je sens la certitude monter en moi, même si je sais parfaitement que je n'ai aucune preuve.

Ce qui me fascine, ce n'est pas que je fasse cela, mais à quel point cela se produit automatiquement – comme si le biais faisait partie de la structure porteuse du cerveau, et non d'un choix conscient.

Ce biais de divertissement inoffensif révèle quelque chose d'inconfortable : l'esprit déforme la réalité dès qu'il adopte une position – même quand la position est dénuée de sens, même quand les enjeux sont nuls, même quand nous savons exactement ce que fait notre cerveau.

Le même effet apparaît dans des contextes plus joyeux.

Lors des Coupes du Monde de football dans des environnements de travail internationaux, nous regardions souvent les matchs ensemble. Chacun supportait son équipe nationale. Cela créait une rivalité amicale, une tension partagée, des rires – et sans cette partialité, toute l'expérience aurait été inutile et ennuyeuse.

Le problème n'est pas que prendre parti soit mauvais.

C'est que **le simple fait de prendre parti change notre manière de percevoir le monde**, bien avant que nous ne remarquions que cela se produit.

C'est le même mécanisme qui est dangereux dans des contextes non liés au divertissement — où le jugement ne porte pas sur le football, mais sur les personnes, les décisions et les conséquences.

Une tension similaire apparaît dans les conversations sur l'homéopathie. En tant que scientifique, la partie intellectuellement honnête de moi-même veut démonter la longue liste d'affirmations absurdes qui l'entourent : des dilutions qui ne laissent aucune molécule, des explications qui violent la physique, et des mécanismes thérapeutiques qui ne peuvent tout simplement pas tenir.

Mais je suis aussi conscient de quelque chose d'autre, indéniablement réel : l'effet placebo.

Il est puissant.

Il est mesurable.

Il est responsable d'une grande part de l'efficacité de nombreux traitements.

Et c'est une des raisons pour lesquelles développer de meilleurs médicaments nécessite des tests en double aveugle qui surpassent le placebo — ce qui est extrêmement difficile.

Ainsi, lorsque je parle à des personnes qui croient en l'homéopathie, je ressens un véritable conflit.

Si je leur dis la vérité, je risque de réduire l'efficacité de quelque chose qui pourrait réellement les aider – non pas à cause du remède, mais à cause de la croyance.

Si je reste silencieux, je me sens intellectuellement malhonnête.

En d'autres termes, quelle que soit l'image mentale que je dérange – la leur ou la mienne – quelque chose de précieux semble se briser.

Il n'y a pas de réponse facile.

Ce que l'histoire de l'arbitre et le dilemme de l'homéopathie partagent, ce n'est pas le contenu, mais la structure :

une fois qu'une image mentale se forme – une équipe favorite, un remède préféré – l'esprit commence à confirmer l'image presque sans notre permission.

> Nous ne "choisissons" pas notre biais.
>
> Nous ne le remarquons que lorsqu'il devient gênant.

Tout le reste se passe silencieusement, automatiquement, et avec une sincérité totale.

L'exemple de l'allocation d'expatriation : le désir façonne l'équité

Un des exemples les plus clairs de la manière dont le désir façonne silencieusement les arguments est celui des discussions sur l'allocation d'expatriation que nous avons eues dans une institution européenne. Le débat est toujours mené avec un sérieux parfait et une logique impeccable des deux côtés. Et pourtant, il y a un schéma si évident qu'il en devient presque drôle une fois qu'on le voit.

Il y a toujours deux groupes :

- **Groupe A**, qui soutient que les allocations d'expatriation sont nécessaires à cause du coût de la vie plus élevé, de la perte de revenu du conjoint, ou du besoin d'inciter les personnes venant de pays à hauts salaires à déménager.
- **Groupe B**, qui soutient que travail égal doit signifier salaire égal, indépendamment de l'origine ou du contexte.

Les deux positions semblent rationnelles.

Les deux positions peuvent être défendues intelligemment.

Les deux sont présentées avec une conviction absolue.

Voici maintenant la partie amusante :

Si vous *ignorez* les arguments et regardez simplement qui reçoit l'allocation, vous trouverez exactement la même répartition.

À chaque fois.

Les personnes qui bénéficient de l'allocation utilisent les arguments "coût, incitation, conjoint, pays à hauts salaires".

Les personnes qui n'en bénéficient pas utilisent les arguments "même travail, même salaire".

Vous pouvez prédire l'argument simplement en connaissant la situation de la personne.

Non pas parce qu'elle est malhonnête — mais parce que le résultat désiré façonne le raisonnement sans que personne ne le remarque.

Cela me rappelle une conversation que j'ai eue une fois lorsque le moteur de ma moto est tombé en panne après 50 000 km. La garantie était largement expirée, mais j'étais agacé et j'ai essayé de négocier le prix d'un moteur de remplacement. J'ai dit au vendeur que 1 000 DM était trop cher, que le moteur avait lâché trop tôt, qu'un rabais serait sûrement raisonnable. Il a répondu pas très poliment :

"Blabla Rhabarber"

En allemand, "Rhabarber" signifie rhubarbe et sonne parfaitement combiné avec "blabla"
J'entends les mots, mais ils n'ont rien à voir avec le prix.

Tu veux le moteur ?

Tu paies 1 000 DM.

Et je l'ai fait.

Je souris encore à ce moment parce qu'il a révélé quelque chose sur moi-même :
Je croyais faire un argument rationnel, alors qu'en fait j'exprimais ma *frustration.* L'argument n'était que la forme que prenait mon désir. J'utilise encore ce mot dans ma tête quand je veux me dire que mon interlocuteur n'est vraiment pas intéressé par aucun type d'argument.

C'est la même chose avec les allocations d'expatriation.

Les gens croient — sincèrement — que leur raisonnement est objectif.

Mais le schéma le trahit : le raisonnement suit le bénéfice, et non l'inverse.

Ce qui me fascine, c'est que personne ne choisit cela consciemment.
Il n'y a ni manipulation, ni stratégie, ni intention malhonnête.
L'esprit génère simplement les arguments qui correspondent à la position que nous occupons déjà.

La logique semble naturelle parce que le désir est caché.

Nous ne le remarquons que lorsque la situation ne nous concerne plus.

Le confort des images mentales erronées

L'esprit ne cherche pas la vérité.

Il cherche **la stabilité**.

Une image mentale erronée qui maintient la cohérence est bien plus attractive qu'une image correcte qui déstabilise le récit.

Le biais est la force stabilisatrice.

- Le biais de confirmation préserve la cohérence.
- Le raisonnement motivé par le désir préserve l'identité.
- La polarisation préserve l'appartenance au groupe.
- L'équité sélective préserve l'image morale de soi.

Le biais n'est pas un ennemi.

C'est une caractéristique structurelle de l'esprit.

Mais une fois que nous le comprenons, quelque chose d'important change :

Le biais devient visible.

Les images mentales erronées deviennent optionnelles.

Le désir devient inspectable.

L'équité devient contextuelle.

Les arguments deviennent des outils plutôt que des armes.

La conscience n'élimine pas le biais — rien ne le peut.

Mais elle **interrompt l'automaticité**, nous permettant de sortir de nos propres images mentales assez longtemps pour voir où elles échouent.

C'est le premier pas vers la **belle simplicité** — la clarté qui survit au contact avec la complexité et émerge de l'autre côté de nos habitudes cognitives, ce même "autre côté de la complexité" que nous avons rencontré pour la première fois au Chapitre 1.

4 L'idée d'équité est surestimée : quand une émotion complexe est prise pour un principe

L'équité est une comparaison, pas un principe

Pendant mes études de LL.M., j'ai écrit un essai sur l'équité – non pas parce que je croyais que l'équité était simple, mais parce qu'elle est l'un des piliers fondamentaux du droit. Des systèmes juridiques entiers reposent sur l'hypothèse que les procédures sont équitables, que les résultats sont équitables, et que les tribunaux peuvent faire respecter l'équité lorsque la réalité n'est pas à la hauteur.

Ce qui m'intéressait, c'était que l'équité *sonne* comme une idée de principe – morale, constitutionnelle, presque structurelle. Quelque chose de suffisamment cohérent pour que les systèmes juridiques la traitent comme une pierre angulaire.

Mais dès que j'ai commencé à analyser les affaires et la doctrine de plus près, la stabilité s'est presque immédiatement dissoute.

Deux jugements aboutissant à des conclusions opposées pouvaient tous deux prétendre être "équitables", non pas parce que les faits différaient, mais parce que chaque juge travaillait à partir d'un **point de référence différent**.

Il est devenu clair que l'équité ne fonctionnait pas du tout comme un principe universel. Elle se comportait comme un **point de référence**, une ligne de base qui varie subtilement d'une personne à l'autre – et même d'un esprit juridique à un autre.

Une fois que j'ai reconnu cela, les arguments sur l'équité sont devenus transparents.

Les gens n'appelaient pas à une idée partagée.

Ils défendaient le point de référence qu'ils portaient avec eux – façonné par leur expérience, leur passé, et la position depuis laquelle ils jugeaient la situation.

L'équité est l'une de ces idées qui est presque traitée comme une loi naturelle – stable, absolue, et universellement partagée. En réalité, l'équité ne se comporte pas du tout comme un principe, mais plutôt comme une image mentale. Et comme toutes les images mentales, elle est utile jusqu'au moment où elle devient trop rigide.

Ce chapitre n'est pas un argument contre l'équité.

C'est un argument contre la **simplification de l'équité**.

L'équité devient déformée lorsqu'elle est traitée comme quelque chose de propre et d'objectif plutôt que comme quelque chose de profondément subjectif et façonné par le contexte, l'histoire, et le hasard.

L'ironie est que traiter l'équité comme un concept complexe — et non simple — rend en fait la vie plus facile. Cela enlève des frustrations inutiles, réduit la jalousie, et nous aide à reconnaître que parfois nous profitons, parfois nous perdons, et que cette fluctuation n'est pas un échec moral mais simplement la façon dont les systèmes complexes se comportent.

Les points de référence cachés derrière l'équité

L'équité est ancrée dans des **points de référence** que nous remarquons rarement :

- ce que nous avions autrefois,
- ce que nous nous attendions à avoir,
- ce que quelqu'un d'autre a,
- ce que nous imaginons que nous aurions dû avoir,
- ou comment étaient les circonstances lorsque nous sommes entrés dans un système.

Changez le point de référence, et l'équité change avec lui. L'équité est violée lorsque nous perdons par rapport à un point de référence imaginé, pas lorsque nous perdons absolument.

Deux personnes peuvent regarder la même décision, détenir les mêmes faits, et arriver à des sentiments complètement différents – non pas parce que l'une est rationnelle et l'autre émotionnelle, mais parce que leurs lignes de base de comparaison intérieure diffèrent. Ce point de référence est invisible, même pour soi-même, ce qui explique pourquoi l'émotion qui en résulte semble absolue.

C'est pourquoi l'équité ne peut jamais être totalement objective ; elle est toujours mêlée à la mémoire, à l'attente, et au contexte. Une fois que cela devient visible, quelque chose d'intéressant se produit : l'équité devient moins accusatrice et plus compréhensible.

La procédure d'embauche : quand l'équité est une architecture, pas un sentiment

Dans mon organisation, nous avons récemment simplifié un processus d'embauche qui s'était développé sur de nombreuses années. L'intention derrière chaque étape avait toujours été la même : l'équité. Des critères transparents, un traitement égal, des décisions traçables. Aucune personne seule n'a inventé la complexité – chaque ajout avait du sens à l'époque. Mais accumulée, la structure était devenue monumentale.

Après plusieurs cycles de simplification, nous avons encore **31 étapes**, dont beaucoup impliquent des signatures de tous les membres du comité et une documentation précise de qui connaît qui, dans quelles circonstances, et si un biais pourrait exister. Certains tests sont même à l'aveugle pour s'assurer que les noms n'influencent jamais l'évaluation.

Il serait facile pour un observateur extérieur d'interpréter cela comme de la bureaucratie.

Mais de l'intérieur, il est clair que cette structure n'est pas un ornement ; c'est un **mécanisme de protection**. Elle protège les candidats, elle protège l'organisation, elle protège la crédibilité des décisions, et elle nous protège de nous-mêmes. Elle reflète un désir sincère de donner à chaque candidat la même opportunité.

Nos collègues des ressources humaines comprennent très bien que de telles procédures nous ralentissent. Ils ne sont pas aveugles à la tension entre équité, efficacité, et efficience. Ils voient la même friction que le reste d'entre nous. Ce qu'ils voient aussi – et ce qu'il est facile d'oublier – c'est la complexité historique et juridique qui a créé la procédure en premier lieu. L'équité dans les institutions européennes n'est pas un slogan ; c'est un système.

Et pourtant, même cette équité soigneusement structurée a un coût. Cela prend du temps. Cela réduit la flexibilité. Cela ne peut pas garantir que le meilleur candidat sera toujours choisi ; cela ne peut garantir que le **processus** ait été équitable.

> L'équité, en ce sens, n'est pas une émotion.
>
> C'est une architecture.

Et l'architecture est toujours un compromis entre ce que nous voulons idéalement et ce que la réalité peut soutenir de manière fiable.

L'équité subjective dans la vie réelle : la prime de Noël qui n'a jamais eu lieu

Mon père a vécu une autre forme de dilemme d'équité, moins formelle mais tout aussi révélatrice. Son entreprise avait eu une excellente année, et il voulait récompenser la moitié la plus performante de ses employés avec une prime de Noël spéciale. Dans son esprit, c'était un geste d'appréciation, pas un mécanisme d'exclusion. Mais les syndicats n'étaient pas d'accord. Récompenser seulement les plus performants était jugé subjectif, et donc injuste. La proposition a été bloquée.

Ce qui me fascine dans cette histoire, c'est la partie contrefactuelle :

S'il avait organisé une tombola, où 50% des employés gagnaient par hasard, cela aurait été accepté sans débat. Un résultat aléatoire semblait plus équitable qu'un résultat délibéré.

Cela nous dit quelque chose d'important sur le fonctionnement interne de l'équité :

- Le hasard n'accuse personne.
- La sélection accuse toujours.

Nous préférons la chance impartiale au jugement subjectif, même si les résultats sont identiques.

Cette préférence n'est pas illogique. Elle reflète la dimension psychologique de l'équité : le besoin d'éviter le sentiment que quelqu'un nous a évalués défavorablement. Souvent, ce n'est pas l'inégalité qui nous dérange ; c'est l'interprétation de l'inégalité.

Dans un monde complexe plein d'interactions, c'est une réaction parfaitement humaine. Mais cela montre aussi à quel point l'équité devient fragile lorsque nous la traitons comme quelque chose d'absolu.

Hystérésis de carrière : le chemin compte autant que la position

Un des aspects les plus difficiles à expliquer dans les discussions sur l'équité – surtout concernant les salaires ou les rôles – est le rôle du hasard. Les carrières ont une forte hystérésis : l'état dans lequel on finit dépend fortement du **chemin** emprunté pour y arriver.

Dans ma propre vie professionnelle, on m'a souvent dit que j'étais "performant" ou "au bon endroit au bon moment". Mais quand je regarde honnêtement en arrière, je vois de nombreux tournants qui avaient peu à voir avec le mérite et beaucoup plus avec les circonstances :

- Je suis entré dans certains domaines quand ils étaient en demande.
- J'ai eu des managers qui m'ont soutenu aux bons moments.
- Certaines de mes compétences correspondaient à des pénuries temporaires sur le marché.
- Certaines opportunités sont apparues simplement parce que quelqu'un d'autre est parti.
- Certaines décisions ont été prises par des personnes qui ne sont plus là.

Rien de tout cela n'est injuste.

Mais rien de tout cela ne s'inscrit non plus dans un récit simple d'équité.

Une personne entrant dans l'organisation aujourd'hui ne peut pas reproduire les conditions dans lesquelles ma carrière s'est développée, peu importe ses efforts. Et il en va de même pour les collègues qui ont bénéficié de périodes antérieures ou ultérieures.

L'équité de carrière n'existe pas sous une forme simple.

Elle existe comme une **interaction complexe** entre effort, talent, timing, besoins organisationnels, cycles économiques, personnalités des managers, et pur hasard.

Reconnaître cela enlève beaucoup d'amertume cachée — envers soi-même et envers les autres.

Pourquoi surestimer l'équité rend la vie plus difficile

L'équité devient un fardeau lorsqu'elle est traitée comme un absolu, car l'équité absolue est inatteignable dans un environnement complexe. Le monde ne distribue pas les opportunités de manière égale, ni ne synchronise le timing, les préférences et les contraintes d'une façon qui satisfasse tout le monde simultanément.

Lorsque l'équité est idéalisée :

- Chaque différence semble personnelle.
- Chaque retard semble ciblé.
- Chaque variation semble injuste.
- Chaque résultat aléatoire semble intentionnel.
- Chaque contrainte structurelle semble être une décision humaine.

Cette surcharge émotionnelle rend la vie organisationnelle inutilement douloureuse ; elle alimente la jalousie au nom de l'équité, transformant la variation naturelle en injustice perçue.

Mais lorsque l'équité est traitée comme une **propriété d'un système complexe** plutôt que comme une loi universelle, quelque chose de différent se produit : on devient moins rigide, moins fragile, et bien plus résilient.

On commence à voir que l'équité n'est pas un moment unique ; c'est un **schéma à long terme**.

Parfois on en bénéficie, parfois non.

Parfois les circonstances nous favorisent, parfois elles favorisent d'autres.

Avec le temps, cela s'équilibre davantage qu'on ne le croit.

Et surtout : accepter cela réduit la jalousie et augmente la satisfaction.

> Cela ne rend pas l'injustice morale.
>
> Cela reconnaît simplement la réalité.

La libération d'accepter l'équité comme complexe

Voir l'équité comme un sujet complexe ne nous rend pas cyniques.

Cela fait l'inverse : cela nous rend plus patients envers nous-mêmes, envers nos collègues, et envers les institutions.

Si l'équité est complexe :

- Nous cessons d'attendre des résultats parfaits.
- Nous jugeons les autres moins rapidement.
- Nous reconnaissons les contraintes structurelles.
- Nous apprécions le hasard.
- Nous acceptons que certaines différences soient des conséquences naturelles du timing, et non de l'intention.
- Nous cessons de combattre des moulins à vent.
- Nous trouvons satisfaction dans le schéma global plutôt que dans l'événement unique.

Cette attitude n'excuse pas l'injustice.

Elle nous donne simplement une relation plus réaliste avec la façon dont le monde distribue les résultats.

Lorsque l'équité n'est plus traitée comme une ligne droite idéalisée, mais comme une courbe fluctuante influencée par l'histoire, le contexte et le hasard, il devient plus facile de vivre avec.

Et dans les systèmes complexes, pouvoir vivre avec la réalité — plutôt qu'avec les déceptions d'un idéal — est un avantage profond. Dans les chapitres suivants, la même attitude aidera lorsque nous examinerons les institutions, les procédures, et même la méthode scientifique.

Conclusion : L'équité revisitée, sans illusion

L'équité est importante. Mais elle est aussi bien plus complexe que ne le permettent nos instincts.

Mon argument est modeste et peut-être façonné par une vie vécue dans le privilège :

- L'équité doit être poursuivie,
- mais non vénérée.
- Respectée,
- mais non simplifiée.
- Protégée,
- mais non idéalisée.

Accepter la complexité de l'équité réduit la jalousie, augmente la satisfaction, et nous rend meilleurs pour naviguer dans les systèmes où nous vivons. Cela nous aide à comprendre que l'équité n'est pas un contrat que le monde a signé avec nous, mais un schéma qui émerge de façon inégale au fil du temps.

Parfois on en bénéficie, parfois non.

Ce n'est pas de l'injustice.

C'est la complexité.

Et embrasser la complexité – plutôt que de lutter pour une équité parfaite qui ne peut exister – est l'un des aperçus les plus discrets et libérateurs que nous puissions tirer de la cathédrale derrière nos images mentales – et un petit pas vers la belle simplicité de l'autre côté de la complexité.

5 Illusions narratives : pourquoi nous attendons de la vie qu'elle se comporte comme une histoire

L'esprit humain adore les histoires.

Non pas parce que les histoires sont réelles, mais parce qu'elles sont *structurées*. Elles rendent le monde prévisible. Elles offrent des arcs, une direction, un sens, des présages. Elles réduisent l'incertitude en donnant aux événements une forme narrative.

Mais le monde ne se comporte pas comme une histoire.

Seules les histoires se comportent comme des histoires.

Et pourtant, nos esprits oublient cela sans cesse. Nous n'aimons pas seulement les histoires – nous commençons à voir la vie *comme si* c'en était une.

Je peux prédire l'avenir

Dans ma famille, on me demande de me taire pendant les films.

"Arrête de spoiler le film !"

"Ne dis pas à voix haute ce qui va se passer ensuite !"

Je *peux* voir la structure arriver.

Une fois qu'on a vu assez de films, on reconnaît la grammaire :

- le premier indice annonçant un retournement
- le défaut du personnage qui comptera plus tard
- le cadrage qui trahit le méchant
- la blague qui présage le pivot émotionnel
- le rythme qui annonce la fin

Ce n'est pas être malin.

C'est lire une langue familière.

Et voici le piège :

J'ai confondu ma capacité à prédire les histoires avec une capacité à prédire la vie.

Les histoires sont conçues pour être extrapolables.

Elles sont faites pour récompenser la reconnaissance de motifs.

La vie ne l'est pas.

L'interpolation fonctionne. L'extrapolation échoue.

Prédire ce qui se passe **à l'intérieur** d'un motif connu est facile.

C'est facile parce que l'interpolation est ancrée des **deux côtés**.

L'interpolation fonctionne. L'extrapolation échoue.

On sait où commence la ligne, et on a une bonne idée de sa direction.

Remplir l'espace entre les deux devient une question de relier les points :

- l'accord suivant dans une progression familière
- le nombre suivant dans une série stable
- le tournant suivant dans une narration qui a déjà révélé sa structure

Quand les deux ancrages sont fixés, l'esprit complète naturellement le milieu.

Cela ressemble à une intuition, mais c'est de la géométrie.

L'extrapolation est tout autre chose.

La vie n'est pas linéaire.

Les systèmes humains ne sont pas lisses.

La plupart des systèmes sont au moins partiellement **chaotiques** :

de minuscules variations en entrée créent d'énormes variations en sortie.

Le signal est enfoui dans le bruit.

Les boucles de rétroaction sont opaques.

Les frontières bougent.

Les paramètres interagissent de façons que nous ne voyons jamais complètement.

L'interpolation vous laisse à l'intérieur de la courbe.

L'extrapolation fait semblant que la courbe continue.

C'est précisément pourquoi tant d'évolutions du monde réel échappent à la prédiction.

Nous les traitons comme si elles suivaient un arc narratif net alors qu'en réalité, ce n'est pas le cas.

Un système peut sembler stable jusqu'à atteindre un **point de bascule**, puis changer complètement d'état — un glacier qui s'effondre après des années d'amincissement progressif, ou le pergélisol qui libère du méthane en une impulsion plutôt qu'en une tendance.

Les climatologues peuvent modéliser des trajectoires, mais ils ne peuvent pas prédire le moment exact où les seuils sont franchis, car les seuils sont des propriétés des systèmes chaotiques.

L'innovation se comporte de façon similaire.

Les marchés semblent prévisibles jusqu'à ce qu'une nouvelle technologie, un changement réglementaire, ou un changement culturel atteigne une masse critique et rompe le modèle.

Le "point d'inflexion" a toujours du sens a posteriori.

Il se signale rarement à l'avance.

L'interpolation est une intuition à l'intérieur d'une histoire.

L'extrapolation est une illusion projetée au-delà.

Mon erreur à l'époque n'était pas de croire que je pouvais prédire les films — c'est de l'interpolation.

Mon erreur était de croire que l'interpolation dans un domaine pouvait m'entraîner à lire l'avenir dans des domaines qui ne se comportent pas du tout comme lui.

Ce n'était pas le cas.

Ce ne pouvait pas l'être.

Parce que le premier système garantissait des motifs, et le second ne garantit rien.

La même confusion apparaît non seulement dans notre regard sur le monde, mais aussi dans notre regard sur nous-mêmes.

Hypocondrie : la même illusion tournée vers l'intérieur

Une petite sensation apparaît — un battement, une oppression, un rythme cardiaque étrange.

Pris isolément, aucun de ces signes ne signifie rien.

Mais l'intuition narrative s'active :

> *"C'est le début de quelque chose de sérieux."*

L'esprit prend un signal inoffensif et le transforme en scène d'ouverture d'une histoire de catastrophe.

Je me suis surpris à faire cela plus d'une fois.

Non pas parce que je manque de connaissances médicales, mais parce que pendant longtemps j'ai subtilement, presque inconsciemment, cru que je pouvais "lire des motifs" dans la vie. Une fois qu'on se convainc qu'on peut reconnaître des arcs, il devient dangereusement facile d'en imaginer un à l'intérieur de son propre corps.

En réalité, la sensation n'a aucune histoire.

Le corps produit du bruit ; l'esprit fournit l'intrigue.

Et le même mécanisme apparaît en amour.

Un bref contact du bras ou un sourire un peu plus long peuvent instantanément gonfler en un récit imaginaire complet – non pas laborieusement, mais sans effort, comme une pensée continue : *d'un geste agréable au sentiment que quelque chose de significatif pourrait commencer, puis à une relation imaginée et un avenir partagé.*

Rien dans le signal ne justifie cela.

Mais nous vivons dans une culture où les gestes présagent toujours quelque chose, où les conteurs ne gaspillent jamais un détail.

Alors, nous remplissons le silence avec une narration.

> Un bon médecin pense en probabilités.
>
> Un esprit effrayé pense en arcs.

L'hypocondrie est une extrapolation narrative guidée par l'anxiété.

La surinterprétation romantique est une extrapolation narrative guidée par l'espoir.

Les deux sont des exemples de la même illusion :

la croyance que la réalité se comporte comme une histoire.

L'illusion de la prévisibilité

Il est facile de penser que nous savons ce qui va se passer ensuite parce que les histoires nous ont appris à croire que le monde a :

- une structure
- une montée en intensité
- un sens symbolique
- une direction morale
- des présages
- une clôture

Mais le monde n'est pas linéaire.

Les gens ne présagent pas.

La politique ne s'envenime pas proprement.

Les économies ne suivent pas d'archétypes.

Les relations n'obéissent pas à une structure en trois actes.

La technologie n'évolue pas comme un mythe.

L'illusion de la prévisibilité naît parce que notre cinéma mental tourne toujours.

Nous projetons la scène suivante bien avant que la réalité ne l'écrive.

Le problème n'est pas la prédiction.

Le problème est d'oublier que notre prédiction est une narration, pas une prévision.

Nous ne prédisons pas seulement avec des histoires ; nous nous construisons aussi à partir d'elles.

Milliardaires qui "auraient pu faire de la physique" – identité comme histoire

Un schéma narratif similaire apparaît dans l'auto-description de figures dominantes de la technologie contemporaine.

Elon Musk, Mark Zuckerberg, et d'autres laissent souvent entendre qu'ils :

- "pensent comme des physiciens",
- "ont presque étudié la physique",
- "auraient pu faire de la physique".

La physique est déployée comme un *élément d'histoire* –

une façon de forger une identité de personnage, pas une véritable revendication d'expertise.

Le public accepte cela parce que l'histoire semble familière :

"Brillant dans un domaine = brillant dans tous les domaines."

Mais ce n'est pas un raisonnement.

C'est un héritage narratif :

une compétence transférée par association.

Encore une fois, la cohérence narrative remplace la vérité.

Quand tout le monde devient expert

L'intuition narrative alimente aussi l'illusion que les domaines complexes sont simples.

Tout ce dont on a besoin est une histoire qui "sonne juste" :

- "Les marchés se comportent comme des fronts météorologiques."
- "Les épidémies suivent toujours la même courbe."
- "Les cycles politiques se répètent toujours."
- "Les économies fonctionnent comme des budgets familiaux."
- "Ça ressemble encore à 2008."

Ce ne sont pas des analyses.

Ce sont des récits :

propres, symétriques, émotionnellement satisfaisants, et faux.

La compétence narrative est prise pour compétence dans le domaine.

C'est pourquoi les arguments en ligne sont pleins de confiance et vides de substance.

> Les gens ne mentent pas.
>
> Ils racontent.

La vie ne se comporte pas comme une histoire

Les histoires :

- éliminent le bruit
- mettent en avant la structure
- compressent le temps
- clarifient la cause
- créent l'inévitabilité
- produisent du sens

La vie ne fait rien de tout cela.

La vie :

- inclut des détails sans importance
- change de direction de manière inattendue
- amplifie les petits événements et enterre les grands
- crée du bruit là où nous voulons du signal
- produit des résultats que personne n'avait anticipés

- se résout rarement proprement

Les histoires sont des moteurs de prédiction.

La vie est un moteur de surprise.

Échapper au piège narratif

Nous ne pouvons pas éliminer la pensée narrative – ni ne devrions le faire.

C'est l'un de nos outils cognitifs les plus puissants.

Mais nous devons apprendre à reconnaître :

- quand nous extrapolons à partir de trop peu de données
- quand l'histoire a "cliqué" trop tôt
- quand nous confondons un motif avec le destin
- quand un raisonnement à la manière d'un hypocondriaque guide nos attentes
- quand nous lisons la vie comme si elle avait un scénario
- quand le confort narratif remplace la complexité

Cette conscience ne tue pas l'instinct narratif.

Elle le civilise.

Elle nous libère de la confusion entre l'arc familier d'une histoire et le chemin inconnaissable de la réalité.

Et c'est le début de la **belle simplicité** –

la clarté qui n'existe pas dans l'histoire que nous racontons,

mais dans le moment où nous réalisons que l'histoire est la nôtre,

et que le monde est tout autre.

6 Le problème du “one-shot” : pourquoi la réalité n’a pas de tests A/B

De loin, la vie ressemble à une succession de choix. De près, il devient clair que la plupart de ces choix sont des événements non reproductibles. Nous agissons une fois. Le monde réagit une fois. Et cette réaction devient le seul point de données que nous obtenons.

> Nous ne pouvons pas revenir en arrière.
>
> Nous n’avons pas de chronologies parallèles.
>
> Nous n’avons pas de tests A/B.

Pourtant, l’esprit se comporte constamment comme si c’était le cas.

Nos intuitions imaginent deux chronologies :

- celle que nous avons choisie,
- et celle que nous croyons avoir pu choisir.

Mais une seule devient réelle. L’autre n’existe que comme un contrefactuel — un récit que notre esprit construit avec presque aucune donnée.

Ce chapitre porte sur l’écart entre la façon dont les décisions *se ressentent* et la façon dont le monde fonctionne réellement.

Un moment m'a particulièrement éclairé à ce sujet.

L'histoire d'un membre de la famille : pourquoi la complexité nous surprend

Il y a des années, j'ai eu une discussion avec un membre de ma famille à propos d'un sujet politique difficile. Avec une sincérité totale, elle a dit :

"Les politiciens devraient juste régler ça."

Ce n'était pas de l'ignorance. C'était une image mentale – la croyance que les problèmes ont des formes nettes avec des solutions nettes.

Curieux, j'ai posé une question que je me pose souvent :

"Que ferais-tu si tu étais la personne en charge ?"

Elle a refusé de s'engager. Pas par défense – simplement parce qu'elle considérait la question comme hors de propos :

"Ce n'est pas mon travail. C'est le leur."

Cette différence est significative. Quand *je* ne sais pas ce que je ferais à la place d'un dirigeant, j'interprète mon incertitude comme la preuve de la complexité. Quand *elle* ne sait pas, elle l'interprète comme la preuve que le dirigeant échoue.

Ce qui m'a frappé plus tard, c'est ce que ma femme m'a dit ensuite. Elle a dit qu'elle comprenait parfaitement la complexité – elle ne voulait simplement pas y penser. Et cette phrase est restée avec moi. Pas parce qu'elle était désinvolte, mais parce qu'elle m'a fait réaliser à quel point les esprits peuvent fonctionner différemment.

Je n'ai jamais le sentiment que je peux simplement arrêter de penser à quelque chose.

Pour moi, ces questions tournent en arrière-plan comme un moteur silencieux qui ne s'éteint jamais. Parfois, cela devient si persistant que je l'arrête en me répétant une phrase au hasard, presque comme si j'appuyais sur un bouton de réinitialisation mentale. Je vis avec ce bruit de fond constant depuis si longtemps que cela me semble naturel.

Mais je ne sais pas ce que ressent l'esprit du lecteur.

Peut-être que vous pouvez arrêter de penser à volonté.

Peut-être que non.

Peut-être avez-vous vos propres méthodes – énigmes, lecture, distractions – pour créer de la distance quand c'est nécessaire.

Je n'ai jamais maîtrisé cela ; les pensées reviennent simplement, pas de façon dramatique, mais comme un bourdonnement continu.

Cette différence importe.

Deux personnes peuvent regarder le même problème politique – l'une voit un labyrinthe de contraintes et de contre-forces, l'autre refuse simplement de suivre le labyrinthe parce que c'est trop épuisant. Aucune des deux réactions n'est fausse. Ce sont juste des habitudes mentales différentes. Et ces habitudes façonnent notre jugement des décisions bien plus que nous ne l'admettons habituellement.

Nos intuitions tiennent rarement compte des contraintes invisibles qui façonnent les décisions réelles :

- information incomplète,
- intérêts contradictoires,
- temporalité,
- conséquences non voulues,
- inertie institutionnelle,
- et le simple fait que chaque choix ferme une porte pour toujours.

De l'extérieur, la prise de décision ressemble à un commentaire d'échecs — élégant, analytique, presque esthétique. De l'intérieur, cela ressemble plus à la découverte que l'adversaire continue à bouger d'une manière que votre plan n'avait pas anticipée.

Et chaque fois, nous sommes surpris d'être surpris.

L'histoire offre de nombreux exemples clairs de cela.

La prime aux rats de Hanoï : pourquoi les systèmes refusent de se comporter

Un de mes exemples historiques préférés est la prime aux rats de Hanoï sous la domination coloniale française.

Pour réduire la population de rats, l'administration offrait une récompense pour chaque queue de rat rapportée.

Ils imaginaient que les gens chasseraient les rats.

Au lieu de cela, les gens ont commencé à *élever* des rats.

Et lorsque le programme a été annulé, des milliers de rats sans queue ont été relâchés dans la ville.

Tout le monde était stupéfait.

Mais la stupéfaction plus profonde est que nous restons stupéfaits aujourd'hui.

Nous sous-estimons systématiquement la façon dont les systèmes réagissent à l'intervention — et à quel point la réalité peut être créative.

C'est le problème du "one-shot" dans la vie quotidienne : les décisions arrivent une fois, les systèmes réagissent une fois, et nous jugeons le résultat sans accès à aucune chronologie alternative.

J'ai vu le même schéma à une échelle bien plus petite.

Durées de vie nucléaires : quand même les experts n'ont qu'une seule chance

L'anecdote que je veux partager ici concerne une mesure dans une grande installation expérimentale — et quelque chose de bien plus humain : comment même les experts ont du mal quand une seule voie d'interprétation est disponible.

Pendant mes années en physique, j'ai travaillé sur la mesure des durées de vie nucléaires à travers l'élargissement des raies gamma. Les spectres réels contiennent des transitions qui se chevauchent, une résolution imparfaite, une contamination de fond, et un niveau de jugement interprétatif plus proche de l'artisanat que de l'algorithmique.

Un jour, après une longue discussion avec un scientifique senior qui était l'expert du domaine, j'ai fait quelque chose que je ne recommanderais dans aucun contexte professionnel en dehors de la physique.

J'ai falsifié une expérience.

J'ai généré des données spectrales artificielles avec une durée de vie connue — 50 femtosecondes — et les ai formatées comme la sortie expérimentale réelle. C'était indiscernable d'une mesure réelle.

Je lui ai remis sans explication.

Il a appliqué toute son expertise : sa méthode, son intuition, son habileté interprétative. Et il est arrivé à une réponse qui était fausse.

Quand j'ai révélé que le spectre était simulé, et que la vraie valeur était connue, il a accepté le fait. Pas de défensive. Un peu de fierté blessée. Et la reconnaissance que l'interprétation des raies qui se chevauchent est bien plus difficile qu'il n'y paraît.

Et que la durée de vie dont nous avions débattu dans l'expérience réelle pourrait être tout aussi incertaine.

Ce n'était pas une chose gentille à faire. Ce n'était pas élégant. Ce n'était certainement pas recommandé.

Mais cela nous a appris quelque chose d'important :

Dans les situations de one-shot, même les experts ne voient qu'une seule interprétation – et ne réalisent qu'après combien d'alternatives invisibles existaient.

C'est l'essence du problème du "one-shot". Et nous le rencontrons constamment dans les organisations quotidiennes.

La pensée contrefactuelle : comparer le réel à l'imaginaire

Les contrefactuels sont irrésistibles.

Au travail, je les vois chaque année lors du "dialogue annuel" – une réunion censée ressembler à une conversation entre égaux, mais qui est en réalité une évaluation de performance.

L'idée est simple : comparer ce qui était prévu à ce qui a été réalisé. Mais dès que nous passons en revue un objectif non atteint, la discussion bascule presque toujours dans un univers alternatif.

"Nous aurions dû prioriser A au lieu de B."

"Nous n'aurions jamais dû approuver cette demande."

"Nous aurions dû réorganiser plus tôt."

Ces phrases semblent analytiques, mais elles ne le sont pas.

Elles comparent des décisions réelles – prises avec une information incomplète, sous pression, au milieu de contraintes – à un chemin imaginé qui n'a jamais existé.

Nous jugeons les choix de l'année dernière avec les connaissances de cette année.

La comparaison est injuste non pas parce que les gens manquent de compétence, mais parce que la version contrefactuelle de la réalité est toujours plus propre, plus simple, et plus obéissante.

Après tout, **c'est nous qui l'avons écrite**.

Un schéma similaire apparaît lorsque les gens comparent leur propre organisation à un monde idéal :

- "Si seulement les règles d'achat ne nous ralentissaient pas..."
- "Si seulement nous avions plus de postes..."
- "Si seulement les processus étaient plus simples..."
- "Si seulement la politique n'interférait pas..."

Ces comparaisons ressemblent à des explications, mais ce sont des voies de fuite.

Nous ne pouvons pas tester comment nos décisions auraient fonctionné si les contraintes avaient disparu magiquement.

Nous ne pouvons pas appliquer la même solution dans un environnement idéal. Comparer à la perfection n'est pas une analyse – c'est une forme silencieuse de deuil pour un monde qui n'existe pas.

La pensée contrefactuelle a une valeur émotionnelle – elle aide à gérer la frustration – mais presque aucune valeur opérationnelle.

La question productive n'est jamais :

"Que devrions-nous avoir fait, maintenant que nous connaissons le résultat?"

La question productive est :

"Étant donné ce que nous savions à l'époque, comment aurions-nous pu décider mieux?"

C'est le seul monde dans lequel nous pouvons jamais agir. Et le même aveuglement apparaît quand nous parlons des conséquences.

Pas d'effets secondaires – seulement des effets

Lorsque vous étudiez la pharmacologie, l'une des premières choses que vous apprenez est que le corps est un système, pas une série de compartiments isolés.

Un médicament n'a jamais un seul effet.

Il a tout un spectre d'actions, d'interactions et de conséquences inattendues.

Ce que nous appelons un “effet secondaire” est simplement un effet que nous n’aimons pas ou que nous n’avions pas visé.

En réalité :

Il n’y a pas d’effets secondaires – seulement des effets.

Cette étiquette est une commodité cognitive, pas une réalité biologique. Elle marque la frontière entre ce qui correspond à notre image mentale et ce qui n’y correspond pas.

Les systèmes complexes se comportent de la même manière.

Institutions, organisations, écosystèmes, politiques – chaque intervention génère de nombreux effets : certains utiles, d’autres nuisibles, certains immédiats, d’autres des années plus tard.

Et cela se relie directement au problème du “one-shot” :

Lorsque nous prenons une décision, **nous choisissons tous les effets** – pas seulement ceux que nous avions prévus.

Mais mentalement, nous ne voyons que le chemin qui s’est déroulé.

Nous ignorons les interactions invisibles, les réactions systémiques, les conséquences que nous n’avons jamais imaginées.

Ainsi, nous évaluons la réalité avec un prisme déformé :

- chaque effet positif était planifié
- chaque effet négatif était évitable
- et le résultat réel est comparé à l’imaginaire qui correspond à nos attentes

C'est là que les images mentales réapparaissent dans l'histoire.

Une image mentale simplifie un système comme "effet secondaire" simplifie une voie biochimique. Elle élimine tout ce qui ne correspond pas à notre récit préféré.

Une fois qu'une image mentale se fige en un film privé, nous commençons à juger le monde non pas tel qu'il est, mais comme il ne correspond pas au scénario que nous avons écrit dans notre tête.

Le biais de confirmation fait le reste.

Ce n'est pas juste pour le monde.

Mais c'est ainsi que fonctionne l'esprit.

Pourquoi le problème du "one-shot" est important

Nous vivons comme si le monde était testable.

Comme si les choix pouvaient être comparés.

Comme si les résultats pouvaient être évalués par rapport à un point de référence.

Mais le point de référence n'existe pas.

Le groupe témoin n'existe pas.

Le monde parallèle n'existe pas.

La vie nous donne une seule chronologie et pas de tests A/B.

Reconnaître cela est la première étape vers l'humilité nécessaire pour naviguer dans la complexité.

7 La complexité à partir de parties simples : ITER et le passage à grande échelle

Les gens supposent souvent que la complexité vient de ce qui est difficile – et bien sûr, cela peut être le cas.

Quand on me dit que j'ai travaillé à ITER, la première réaction est généralement de l'admiration mêlée d'un certain respect. ITER est l'un des projets scientifiques les plus ambitieux jamais tentés. Il vise à démontrer la fusion nucléaire contrôlée comme source d'énergie pratiquement illimitée ici sur Terre. Pour cela, ITER fusionnera le deutérium et le tritium en hélium.

Pour rapprocher suffisamment ces noyaux afin qu'ils fusionnent, le plasma doit être chauffé à environ 150 millions de degrés Celsius, tandis que des aimants supraconducteurs refroidis près du zéro absolu contiennent la réaction. Et pour construire une centrale fonctionnelle, deux conditions doivent être remplies : produire plus d'énergie que celle nécessaire au fonctionnement de la centrale, et disposer d'un combustible suffisant. ITER vise à démontrer que les deux sont possibles.

Cela nécessite une certaine échelle – du moins avec la méthode choisie par ITER. Et cette échelle est grande. Vraiment grande. Le bâtiment principal mesure environ 60 mètres dans chaque dimension.

Les gens comprennent instinctivement que cette partie est complexe.

Et elle l'est.

La physique du plasma n'est pas "simple mais grande". Elle est pleine d'instabilités, de boucles de rétroaction et de comportements non linéaires – bien plus chaotiques que de prévoir où se formeront les bulles en faisant bouillir un œuf. Le public adore le contraste – l'endroit le plus chaud de la Terre maintenu par les aimants les plus froids – et bien que l'image soit juste, elle cache une nuance importante :

la physique est conceptuellement contenue.

Extrême, mais délimitée.

Difficile, mais comprise.

Mais comprendre n'est pas la même chose que prédire d'où viendra le problème.

Ironiquement, ce n'est pas la complexité d'ITER que les gens sous-estiment systématiquement.

Il y en a une autre – moins glamour, bien plus traîtresse :

des composants simples multipliés à l'échelle industrielle.

Un réacteur à fusion n'est pas une cathédrale construite à partir de quelques piliers héroïques ; c'est une cathédrale construite à partir de dizaines de milliers de petites pièces :

vis, plaques, boulons, conduits, supports, câbles, connecteurs, capteurs, fixations.

FIGURE 7.1 – Salle d'assemblage d'ITER. L'ingénierie à grande échelle illustre comment la complexité émerge non pas de la physique exotique mais de milliers de composants en interaction.[1]

Aucune de ces pièces n'est intellectuellement intimidante.

Toutes sont banales.

Mais ensemble, elles se comportent d'une manière qu'aucun dessin, simulation ou réunion ne peut pleinement saisir.

> C'est la partie de la complexité que nous sous-estimons chroniquement :
>
> l'accumulation de l'ordinaire.

ITER impressionne par le spectaculaire – plasma, aimants, cryogénie – et il est naturel de supposer que la difficulté du projet vient de ces extrêmes. Mais ce qu'ITER m'a appris, c'est que les difficultés spectaculaires sont souvent les plus contrôlées, précisément parce que tout le monde y prête attention.

Les surprises viennent d'ailleurs.

Les gens pensent que la complexité croît avec la sophistication scientifique.

En pratique, elle croît avec la **quantité**, l'**interaction** et l'**irréversibilité**.

Vous pouvez avoir un plasma à 150 millions de degrés qui se comporte exactement comme prévu, tandis que quelque chose de trivial – une plaque mal alignée, un joint sollicité, une déformation mesurée en millimètres – sape silencieusement tout.

Les plaques — Un seul exemple

Un exemple parlant est celui des plaques intégrées : des éléments simples en acier avec des dents ou des ancres coulées dans le béton pour que les systèmes futurs aient quelque chose auquel s'attacher. Elles sont nécessaires car les murs en béton dans les constructions nucléaires ne doivent pas être modifiés plus tard – même percer des trous est presque impossible.

Elles ne sont pas exotiques. Elles ne contiennent aucune physique du plasma.

Elles sont lourdes, nécessaires, et profondément ennuyeuses.

Sauf un détail : il y en a environ **cent mille**, et une fois le béton coulé, le travail de conception de plus d'un millier de dessinateurs est littéralement gravé dans la pierre.

Ce n'est pas une métaphore.

Quand le béton durcit, les hypothèses accumulées de dizaines d'équipes – mécanique, génie civil, électrique, nucléaire, vide, refroidissement, diagnostics – deviennent irréversibles. Une plaque mal positionnée de quelques millimètres n'est pas simplement une erreur ; elle devient un fait structurel autour duquel la décennie suivante d'ingénierie doit composer.

Et ce n'est qu'un exemple parmi tant d'autres.

C'est là que la complexité devient traîtresse.

La maturité des systèmes environnants n'est jamais uniforme. Certaines parties de l'usine sont entièrement définies ; d'autres évoluent encore. C'est comme essayer de construire un château Lego avec des briques qui n'ont pas toutes encore été inventées. Il faut figer la position des briques bien avant de savoir exactement à quoi ressemblera le château final.

Les plaques intégrées illustrent une vérité générale :

- aucun composant individuel n'est complexe,
- mais les interactions de milliers d'entre eux le sont.

Chaque plaque est triviale.

Chaque plaque est facile à dessiner.

Chaque plaque est facile à comprendre.

Sauf quand il y en a cent mille.

Chacune avec une coordonnée précise, une capacité de charge, une spécification de matériau, un traitement de surface, des plages de tolérance, des points d'attache, des exigences d'accès, des contraintes d'alignement, et des dépendances à des systèmes qui sont eux-mêmes encore des cibles mouvantes.

> Simple individuellement.
>
> Écrasant collectivement.

À un certain moment, les plaques sont devenues un goulot d'étranglement.

Le béton ne pouvait pas être coulé tant que les équipes d'ingénierie n'avaient pas confirmé leurs positions. Mais les dessins arrivaient de différents concepteurs, utilisant des hypothèses différentes, à des niveaux de maturité différents. Au sommet de tout cela se trouvait un ingénieur en chef qui devait finalement dire :

> *"Oui, ces plaques pour cette phase sont correctes. Coulez le béton."*

Cette seule phrase portait un risque énorme.

Aucune personne — pas même l'ingénieur en chef — ne pouvait comprendre toutes les conséquences de chaque plaque. Pourtant, quelqu'un devait prendre la responsabilité de décider quand la conception était "assez mature" pour être figée dans le béton. La seule façon de fonctionner était d'utiliser des simplifications et des processus structurés, tout en sachant exactement où ces simplifications pouvaient échouer.

Les gens imaginent souvent que la complexité vient des parties spectaculaires d'un projet.

En réalité, les parties spectaculaires sont souvent les plus faciles, parce que tout le monde y prête attention.

Ce sont les petites choses — dupliquées des milliers de fois, figées prématurément, et dépendantes d'un environnement en évolution — qui deviennent monstrueuses.

Des tuyaux qui ne sont pas vraiment des “tuyaux”

Les tuyaux d’eau de refroidissement en sont un autre exemple : environ 100 millions d’euros de tuyauterie industrielle.

Quand on entend “tuyaux”, on imagine quelque chose que le plombier local pourrait gérer. Mais ce ne sont pas des tuyaux domestiques. Ils font partie d’un environnement thermique, hydraulique, radiologique et sismique complexe où des déviations millimétriques peuvent se propager en incompatibilités à l’échelle du système.

> Encore une fois, simple individuellement.
>
> Implacable collectivement.

Chaque segment de tuyau est facile à comprendre.

Le **système de tuyaux** est tout autre chose.

Les parcours sont contraints par d’autres installations.

Les supports doivent s’aligner avec les plaques intégrées.

Les soudures nécessitent une certification.

L’accès pour la maintenance doit être préservé.

La dilatation thermique doit être prise en compte.

Les normes de sécurité dictent les espacements.

Les séquences de construction dictent les cheminements.

Rien de tout cela n'est conceptuellement sophistiqué.

Tout devient difficile une fois que des milliers de ces décisions s'accumulent.

Le détecteur de rayons X qui fonctionnait… jusqu'à ce que l'eau l'arrête

Puis il y a les échecs où la haute sophistication rencontre la faible sophistication – et perd.

Dans l'un des lasers les plus puissants du monde, j'ai fait partie d'un comité supervisant le développement d'un détecteur de puce à rayons X sur mesure. C'était le fruit de plusieurs années de travail par certains des meilleurs laboratoires et experts mondiaux. Il fonctionnait parfaitement. La physique était correcte. L'ingénierie était correcte. L'électronique était correcte.

L'eau du système de refroidissement a fui.

La fuite était triviale en termes d'ingénierie – le genre de chose qui ne devrait jamais éclipser un capteur complexe développé par des spécialistes. Et pourtant, c'est ce qui s'est passé.

Le composant le plus avancé de l'expérience fonctionnait sans faille.
Une petite fuite d'eau, peu glamour, a failli mettre tout en danger.

Voici le vrai visage de la complexité :

le banal l'emporte sur le magnifique plus souvent que l'inverse.

Pourquoi les choses simples créent des modes de défaillance complexes

Dans un système aussi vaste qu'ITER, la simplicité est trompeuse parce que :

- Les composants simples se multiplient.
  Une plaque est facile; 100 000 plaques ne le sont pas.
  Un tuyau est trivial; un système de milliers en est un écosystème.
- Les problèmes simples se propagent silencieusement.
  Une plaque mal alignée ne montre aucun symptôme tant qu'un système ne tente pas de s'y attacher.
  Une fuite dans une conduite de refroidissement ne devient tragique que lorsqu'elle est associée à un détecteur à 5 millions d'euros.
- Des défaillances simples peuvent détruire un travail complexe.
  On peut passer des années à développer un détecteur qui meurt parce que l'eau a fait ce que fait l'eau.
- Les systèmes apparemment simples cachent des contraintes profondes.
  Tuyauterie, ventilation, blindage, alignement – aucun n'est conceptuellement compliqué, mais tous deviennent

des labyrinthes lorsqu'ils sont intégrés dans des exigences de qualité nucléaire.

C'est pourquoi les parties glamour d'ITER étaient souvent plus faciles à gérer.
La physique se comporte de manière cohérente. Les particules, les aimants et le plasma suivent des équations.

L'hydraulique, l'alignement, le génie civil et la planification suivent des horaires humains –

et les horaires humains ne suivent pas les équations.

Le véritable ennemi n'est pas la complexité des composants, mais la **complexité de la séquence**.

Rien dans ITER n'est construit isolément.

Tout dépend de quelque chose d'autre qui a été conçu plus tôt :

– les plaques doivent être placées avant le béton,
– les tuyaux doivent être acheminés avant le blindage,
– les capteurs dépendent du refroidissement,
– le refroidissement dépend de l'acheminement,
– l'acheminement dépend des tolérances civiles,
– les tolérances civiles dépendent des plaques.

Une seule erreur dans la séquence force l'ensemble du système à s'adapter autour, et contrairement aux logiciels, les installations nucléaires n'autorisent pas les "patchs".

Trois ingénieurs réseau et un Wi-Fi domestique

Ce schéma ne se limite pas à la fusion ou aux grands laboratoires.

Un jour, j'ai dit à mon père que nous avions trois ingénieurs réseau dans mon équipe. Il m'a regardé avec une véritable confusion et a demandé :

"Que font-ils toute la journée ? J'ai installé mon réseau domestique en double-cliquant."

C'était une question parfaitement raisonnable de son point de vue. Son image mentale d'un réseau était celle qu'il avait chez lui – un routeur, un mot de passe, quelques appareils. Un petit système avec des interactions limitées.

Mais les grands systèmes organisationnels ne sont pas difficiles parce que chaque appareil est complexe.

Ils sont difficiles parce qu'il y en a **des milliers**.

Chaque ordinateur portable est assez simple en soi, mais gérer trois mille ordinateurs portables – avec des configurations différentes, des besoins utilisateurs différents, des exigences de sécurité différentes, des cycles de mise à jour différents et des règles de conformité différentes – transforme un objet simple en partie d'un vaste et fragile écosystème.

Les gens confondent souvent simplicité locale et simplicité globale. Ils supposent que parce qu'un ordinateur portable est facile à configurer, dix mille ordinateurs portables devraient être dix mille fois plus faciles.

En réalité, la difficulté ne croît pas linéairement.

Elle croît **exponentiellement** avec les interactions, les dépendances et les modes de défaillance.

> La complexité vient de **l'échelle**, pas de la sophistication.
>
> Les composants restent simples. Le système ne l'est pas.

Et ce schéma se répète bien au-delà de l'ingénierie.

L'illusion de l'effort inégal entre domaines

Une autre conséquence subtile de la cécité à la complexité est l'illusion que notre propre domaine est exceptionnellement difficile alors que les autres ont cela relativement facile.

Cela arrive parce que nous voyons toute la complexité de notre propre travail — chaque exception, chaque détail, chaque dépendance cachée — tout en simplifiant mentalement le travail des autres.

Quand nous regardons un autre domaine, nous avons tendance à ne voir que la surface : les tâches visibles, les résultats, ou les parties qui peuvent être expliquées en quelques phrases. Dans notre propre domaine, nous voyons la machinerie sous la surface : les compromis, les contraintes, les échecs invisibles que nous avons empêchés, et les dix étapes nécessaires pour produire ce qui semble simple.

Cela crée une illusion d'asymétrie. Nous croyons porter plus de poids, faire face à plus d'obstacles, ou résoudre des problèmes plus complexes que nos collègues. Eux, à leur tour, croient exactement la même chose à propos de leurs propres domaines.

Le résultat est prévisible : jalousie, insatisfaction et une érosion silencieuse de l'esprit d'équipe. Chaque groupe pense que les autres "ne comprennent pas à quel point notre travail est dur", tout en continuant à simplifier la complexité du travail des autres. Personne n'a tort — ils ont tous raison depuis leur propre image mentale.

Dans les grandes organisations, cela devient un problème structurel. Les équipes voient clairement leurs propres contraintes tout en supposant que les autres équipes en ont moins. Les unités sous-estiment la charge de travail des autres. Les départements supposent que les autres pourraient "simplement" s'adapter ou "simplement" livrer. Tout cela vient d'une répartition inégale de la complexité visible.

Une culture organisationnelle plus saine commence quand les gens reconnaissent ce phénomène : le domaine de chacun est plus complexe à l'intérieur qu'il n'en a l'air de l'extérieur. Voir cela clairement réduit le ressentiment et augmente l'empathie. Cela permet aux gens de comprendre que les différences d'effort visible sont des différences de visibilité — pas des différences de contribution.

La leçon qu'enseigne ITER

ITER n'est pas principalement une leçon de physique.
C'est une leçon sur la manière dont les humains comprennent mal la complexité.

Nous :

- surestimons l'importance de ce qui nous impressionne,
- sous-estimons le danger de ce qui nous ennuie,
- pensons que comprendre un composant signifie comprendre le système,
- oublions que l'irréversibilité rend les petites erreurs permanentes,
- supposons que l'expertise empêche les erreurs, alors que les experts se noient dans les détails comme tout le monde,
- imaginons que la complexité vient de la sophistication, alors qu'elle vient souvent de la répétition.

Il est intellectuellement satisfaisant d'imaginer qu'un système échoue à cause d'une difficulté théorique profonde.

Mais dans la vraie vie, les systèmes échouent à cause de fuites d'eau, de plaques mal alignées et de tuyaux installés à quelques centimètres près.

Les parties spectaculaires d'un projet peuvent fonctionner parfaitement tandis que quelque chose de trivial décide silencieusement du résultat.

C'est cela que signifie vraiment “complexité à partir de parties simples”.

8 L'expertise se rétrécit : l'intérieur de la cathédrale

De l'extérieur, chaque domaine semble petit. Simple. Compréhensible. Un placard à balais.

Vous ouvrez la porte en vous attendant à une pièce modeste : quelques règles, une poignée de concepts, une ou deux techniques. Mais dès que vous entrez, quelque chose d'étrange se produit. L'espace s'étend. L'obscurité grandit. Votre faible lumière du savoir initial n'éclaire que quelques centimètres, et le reste s'efface dans un vide sans fin.

Le placard à balais n'a jamais été un placard à balais. C'était le **seuil de la cathédrale**.

Ce chapitre parle de ce moment. Le moment où vous réalisez que le monde est composé de cathédrales déguisées en placards à balais.

Et alors l'apprentissage commence.

La bougie dans la cathédrale

Quand nous commençons à apprendre quelque chose de nouveau, la bougie éclaire une petite zone. Nous voyons quelques objets proches de nous :

- le manuel d'introduction
- quelques idées clés
- un ou deux noms célèbres
- quelques exemples simples

Tout semble fini, presque trivial. Cette illusion est réconfortante :

"Je comprends la forme de ce domaine."

Mais plus vous apprenez, moins vous voyez. Votre bougie devient un peu plus brillante, mais à chaque pas que vous faites, le plafond monte plus haut, les piliers s'élargissent, et les murs s'éloignent.

La connaissance ne compresse pas la cathédrale. Elle élargit votre conscience de sa taille.

J'ai appris cela tôt dans ma carrière.

Cinq ans dans une seule chapelle : devenir un vrai expert en Gd-156

Le sujet de ma thèse de physique était la structure des niveaux nucléaires de *Gadolinium-156.*

Cinq ans à étudier un isotope. Un noyau. Un coin microscopique d'un seul sous-domaine de la physique nucléaire.

Et en ces cinq ans, je suis devenu l'un des meilleurs experts mondiaux sur le Gd-156.

Cela semble impressionnant jusqu'à ce que vous le disiez à voix haute — puis la disproportion apparaît.

Dans ma thèse, je plaisantais :

"Je n'ai pas vu que résoudre la structure des niveaux de Linoleum-156 allait résoudre la faim dans le monde."

La blague fonctionne parce que le contraste est réel : une réussite scientifique profondément technique et ésotérique associée au plus grand défi de l'humanité — et un mot qui sonne pareil (Linoleum) qui réduit le sérieux.

Mon expertise en Gd-156 était profonde, réelle, et durement acquise — et en même temps, profondément étroite.

Ce n'est pas de l'autodérision. C'est la cathédrale.

À l'intérieur de la cathédrale, vous ne devenez pas roi du monde. Vous devenez maître d'une chapelle.

Et cette chapelle est infinie.

La cathédrale de la physique : plus grande à l'intérieur

La physique est le domaine le plus corrompu par la mythologie publique. Les gens extérieurs imaginent une discipline unifiée — élégante, cohérente, symbolisée par Einstein griffonnant sur un tableau noir.

Mais à l'intérieur de la physique, vous découvrez que chaque domaine est si vaste que très peu de personnes le comprennent :

- la matière condensée
- la physique nucléaire
- la physique des particules
- l'astrophysique

et chaque sous-domaine est sa propre cathédrale.

Même au sein de la **structure nucléaire**, la spécialisation est très fine :

- états de spin moyen
- états de spin élevé
- transitions gamma
- isotopes des terres rares
- capture neutronique
- modèles de déformation
- spectroscopie gamma
- bandes rotationnelles
- interactions de couplage entre degrés de liberté

La plupart des physiciens ne peuvent pas parler en détail du travail des autres. Les domaines ont des langages, des hypothèses et des cultures différentes.

La physique n'est pas grande. **La physique est fractale**.

Zoomez, et elle continue de s'étendre.

Et la même chose m'est arrivée dans un domaine complètement différent.

La cathédrale du droit : une architecture étonnamment similaire

Des années plus tard, je suis entré dans le droit, pensant comprendre le domaine en regardant des séries télévisées.

Ce n'était pas ce à quoi je m'attendais.

Dans mon LL.M., je me suis assis à côté de camarades tellement spécialisés que même le professeur s'en remettait à eux :

- l'avocat en droit d'auteur
- le spécialiste du contentieux procédural
- l'architecte du droit de la concurrence
- le conseiller fiscal
- le spécialiste de la gouvernance d'entreprise

Ce n'étaient pas des "étudiants". Ils étaient habitants de cathédrales entières.

Et puis il y avait la **TVA**.

Qui imagine que la taxe sur la valeur ajoutée pourrait remplir une année entière de cours complexes et techniques ?

Mais la TVA est aussi une cathédrale :

- règles transfrontalières

- exemptions
- seuils numériques
- mécanismes d'autoliquidation
- chaînes de conformité
- directives européennes
- milliers d'interprétations
- cas limites des cas limites

Et à ce moment-là, le schéma est devenu évident :

Chaque discipline cache une cathédrale derrière son placard à balais.

La physique en a une. Le droit en a une. Chaque métier en a une.

La cathédrale YouTube : quand les loisirs deviennent des univers

Vous réalisez l'échelle de la cathédrale quand vous regardez des personnes qui deviennent experts en :

- véhicules radiocommandés
- travail du bois
- restauration de stylos-plumes
- taille de bonsaïs
- claviers mécaniques personnalisés
- couteaux japonais
- cuisine professionnelle

- photographie
- forge métallique
- travail du cuir

Allez sur YouTube et regardez un maître menuisier affûter une lame de rabot. Vous voyez immédiatement : ce n'est pas un "loisir". C'est une discipline avec sa propre physique, philosophie, et savoir tacite.

Trois minutes dans la vidéo, vous savez moins que ce que vous pensiez savoir. Dix minutes plus tard, vous réalisez que vous ne savez rien. À la fin, vous comprenez que cette personne a passé 20 ans à maîtriser quelque chose dont vous ne saviez même pas qu'il fallait maîtriser.

C'est encore la cathédrale.

Sauf que cette fois, elle porte un tablier et tient un ciseau.

Connaissance à haute résolution vs basse résolution

La connaissance à basse résolution donne l'illusion de comprendre :

- "Droit."
- "Physique."
- "Économie."
- "Sécurité informatique."
- "Gérer une organisation."

Ce ne sont pas des domaines ; ce sont des **étiquettes** pour des milliers de structures internes.

La connaissance à haute résolution est ce que détiennent les praticiens :

- les exceptions
- les règles tacites
- les schémas
- les cas limites
- les instincts spécifiques au métier
- les pièges que seuls les locaux connaissent
- le langage qui ne se traduit pas

Une fois que vous acquérez la connaissance à haute résolution, quelque chose de sobre se produit :

Le domaine ne se simplifie pas. Il se fragmente.

Vous réalisez que ce que les étrangers appellent "un domaine" est en réalité **un univers de sous-domaines**.

Pourquoi l'expertise se rétrécit

Nous aimons imaginer que les experts "savent plus sur plus de choses". Mais la réalité est l'inverse.

Les experts savent plus sur moins de choses.

Ce n'est pas un défaut. C'est la seule stratégie viable.

La cathédrale est trop grande pour un seul esprit. La bougie est trop petite. L'obscurité trop écrasante.

Pour progresser, vous devez rétrécir votre faisceau.

L'expertise se rétrécit parce que la réalité est trop vaste. Parce que la profondeur exige un sacrifice. Parce que la maîtrise vit dans le détail, pas dans la généralité.

Retour à la simplicité : la simplicité de l'autre côté de la complexité

Et pourtant – quelque chose de beau se produit après immersion.

Après des années dans la cathédrale :

- le vocabulaire devient intuitif
- les structures révèlent leurs schémas
- les exceptions deviennent prévisibles
- la complexité se résout en cohérence

Finalement, la clarté réapparaît – pas la **simplicité superficielle** que vous aviez au début, mais la **belle simplicité**, acquise et affinée.

C'est la simplicité de l'autre côté de la complexité.

La bougie éclaire maintenant non pas davantage la cathédrale, mais davantage *vous* – votre compréhension, votre humilité, votre respect pour la profondeur.

La leçon de la cathédrale

Chaque domaine – de la structure nucléaire à la TVA, du travail du bois à la programmation – est infini à l'intérieur et trompeur à l'extérieur.

La leçon est simple :

- Ne jamais supposer qu'une discipline est petite.
- Ne jamais supposer que l'expertise est transférable.
- Ne jamais confondre basse résolution et connaissance.
- Ne jamais sous-estimer l'échelle cachée derrière la porte.

Le placard à balais est toujours une cathédrale. Et la bougie est toujours petite.

L'humilité n'est pas une faiblesse. C'est la réaction correcte à l'entrée dans une cathédrale.

Cette humilité est aussi le chemin vers la belle simplicité – la simplicité que nous retrouvons seulement après avoir respecté l'immensité à l'intérieur de chaque métier humain.

9 Pourquoi nous ne pouvons pas coordonner nos images mentales

Les humains ne sont pas en désaccord parce qu'ils manquent d'informations.

Ils sont en désaccord parce qu'ils ne partagent pas les mêmes images mentales.

Chaque personne porte en elle un modèle interne de fonctionnement du monde – une géométrie privée façonnée par l'enfance, l'éducation, les emplois passés, les traumatismes, les succès, les échecs, les mentors, et des expériences microscopiques auxquelles personne d'autre n'a assisté.

> Nous supposons que nous discutons du même problème.
>
> Nous discutons généralement de problèmes différents avec le même vocabulaire.

Cela devient le plus visible au moment où des personnes responsables doivent se coordonner.

La réunion où tout le monde a raison – et où personne ne se comprend

Les réunions interfonctionnelles typiques rassemblent des personnages familiers : le **chef de projet** qui voit des chronologies, le **développeur** qui voit des contraintes et des inconnues, le **responsable des achats** qui voit l'égalité et la procédure, le **conseiller juridique** qui voit le risque, l'**analyste financier** qui voit le coût, l'**utilisateur** qui voit l'utilisabilité, et le **manager** qui voit la cohérence globale de l'organisation.

Chaque personne croit que sa vision est la raisonnable,

parce que dans son image mentale, c'est le cas.

Et ces images s'alignent rarement.

J'ai appris cela de façon très nette en commençant à manager des managers.

Une histoire personnelle : manager des managers avec des réalités différentes

La version la plus profonde de ce problème apparaît non pas en manageant du personnel, mais en manageant des managers.

J'ai vécu de nombreuses situations où je me retrouvais à une table avec trois ou quatre managers, chacun portant une image mentale complètement différente du problème, de la solution, de la séquence d'actions, des priorités, et même de la définition du succès.

Ces désaccords ne sont pas bruyants.

Ils ne sont pas émotionnels.

Ils ne sont même pas visibles.

Ils se situent sous la discussion, comme des failles sous une ville.

Nous les atténuons souvent en les appelant “différences culturelles”.
Mais ces différences n’ont rien à voir avec la nationalité ou le genre.

Elles viennent des anciennes organisations dans lesquelles ils ont travaillé, des différents patrons qu’ils admiraient, des frustrations accumulées, des crises traversées, des cicatrices invisibles, des interprétations différentes du fonctionnement de l’autorité, et des idées différentes de ce à quoi ressemble un “bon travail” ou ce qui compte comme risque ou responsabilité.

J’ai vu cela maintes fois :

Les managers discutent poliment d’un sujet, utilisent la même terminologie, et repartent en croyant qu’ils se sont mis d’accord – pour découvrir des semaines plus tard qu’ils entendaient des choses complètement différentes.

Ce n’est pas parce qu’ils étaient négligents.

C’est parce que chacun utilisait sa propre image mentale de la situation sans vérifier si elle correspondait à celle des autres.

Quand on manage des managers, c'est l'une des formes les plus difficiles de complexité.

Le conflit ne réside pas dans les personnalités.

Il réside dans des modèles internes concurrents, aucun n'étant explicitement formulé.

On ne peut pas "résoudre" cela par la hiérarchie.

On ne peut pas "résoudre" cela en ordonnant un alignement.

On ne peut pas "résoudre" cela par des ateliers ou des diagrammes.

La seule chose qui fonctionne — lentement, imparfaitement — est de créer un environnement où les gens se sentent en sécurité pour dire :

"Je peux me tromper.

Voici comment la situation se présente dans ma tête.

Comment se présente-t-elle dans la vôtre ?"

Sans cela, les différences deviennent presque insurmontables.

Je dis "presque", parce que j'ai vu les deux issues :

celle où l'alignement se fait lentement et la confiance grandit, et celle où les images mentales s'éloignent tellement que la coopération devient impossible.

Ce ne sont pas des exemples théoriques.

Ils viennent de tentatives très réelles de manager des managers – et de l'humilité que l'on développe quand on réalise que l'intelligence seule ne peut pas coordonner des réalités incompatibles.

On peut voir cela dans la façon dont différentes professions "voient" le même projet.

L'image du chef de projet vs l'image du développeur vs l'image du juridique

Pour comprendre pourquoi l'alignement est si difficile, considérons comment différentes professions perçoivent le même projet.

Pour le **chef de projet**, le monde est une chronologie : des tâches qui alimentent d'autres tâches, des dépendances, des retards, des jalons. Pour le **développeur**, c'est un paysage évolutif plein d'inconnues, où les problèmes n'existent qu'une fois rencontrés, les estimations sont des suppositions, et les obstacles émergent spontanément. Pour les **achats**, le monde est construit sur une stricte neutralité et une équité procédurale ; la documentation et l'auditabilité comptent plus que la rapidité. Pour le **juridique**, la réalité est un champ de surfaces de risque, de responsabilités futures, de défendabilité, et de tribunaux imaginaires où les décisions seront scrutées des années plus tard.

Ces images ne peuvent pas s'aligner complètement parce qu'elles optimisent des résultats différents.

Ce n'est pas une dysfonction.

C'est un design.

Pourquoi la coordination échoue : cartographier le conflit aux images mentales

> La plupart des conflits organisationnels ne sont pas des "conflits de personnalité".
>
> Ce sont des conflits de modèles.

- "Tu nous bloques" → *Ton modèle de risque est en conflit avec mon modèle de livraison.*
- "Pourquoi ne peux-tu pas t'engager sur une date ?" → *Ton modèle de chronologie ne correspond pas à mon modèle d'incertitude.*
- "Pourquoi es-tu si inflexible ?" → *Ton modèle basé sur des règles entre en collision avec mon modèle adaptatif.*
- "Pourquoi changes-tu sans cesse les exigences ?" → *Ton image se met à jour au fur et à mesure que tu découvres le problème; la mienne ne se met à jour que lorsqu'elle est formellement acceptée.*

Ces phrases semblent émotionnelles.

Mais ce qui se cache dessous est structurel :

Des géométries internes différentes qui tentent de se coordonner.

Le coût émotionnel caché : l'effort est invisible

Comme nous l'avons vu au chapitre 7, la complexité crée une illusion :

nous voyons clairement notre propre effort, mais seulement faiblement celui des autres.

Cela s'aggrave au niveau managérial.

Chaque manager voit la complexité complète de son domaine — ses contraintes, ses arbitrages, ses batailles invisibles, et ses héroïsmes discrets. Il ne voit qu'un contour flou de celui des autres.

Il n'est pas surprenant que cela mène à un ressentiment silencieux :

"Nous sommes les seuls à vraiment pousser."

"Ils ne voient pas à quel point notre travail est dur."

"Ils ont la vie plus facile."

"Ils disent toujours non."

"Ils ne comprennent pas la pression que nous subissons."

Toutes ces affirmations sont vraies depuis l'intérieur de sa propre image mentale.

Chacun se sent comme le protagoniste d'une histoire un peu injuste.

Ce n'est pas une faute morale.

C'est ainsi que fonctionne la perception.

Mais la perception seule n'est pas la vraie difficulté.

Le vrai défi : coordonner des modèles invisibles

Le problème de coordination le plus difficile n'est pas d'aligner des plannings, des tâches ou des ressources.

C'est d'aligner des modèles mentaux.

La difficulté est que les modèles mentaux sont majoritairement invisibles. Leurs propriétaires les croient être « la réalité ». Ils deviennent plus rigides avec l'ancienneté et le succès passé, sont façonnés par une longue expérience, et sont rarement remis en question. Ils interagissent aussi avec l'identité personnelle — "c'est ainsi que je travaille" — et sont masqués par un vocabulaire partagé : nous utilisons les mêmes mots et supposons que nous entendons la même chose.

C'est pourquoi manager des managers demande une forme d'humilité qui n'est enseignée nulle part.

Il faut supposer que son propre modèle est incomplet et que celui des autres aussi.

Puis il faut essayer, lentement et prudemment, d'en construire un partagé.

La compassion à travers la complexité

Une fois que l'on voit à quel point les gens imaginent différemment le même monde,
le blâme perd son pouvoir.

Le chef de projet ne fait pas de micromanagement ;

le développeur n'entrave pas ;

le juridique n'est pas difficile ;

les achats ne sont pas bureaucratiques ;

la sécurité n'est pas paranoïaque ;

et les utilisateurs ne sont pas naïfs.

Ils agissent simplement rationnellement dans leur image mentale,

qui a évolué à partir d'une vie d'expériences que vous n'avez pas vécues.

Cette compréhension n'élimine pas le conflit.
Mais elle supprime le mépris – ce qui est plus important.

Elle permet un dialogue plus calme :

"Avant de discuter de la solution,
laissez-moi comprendre comment vous percevez le problème."

Au chapitre 15, nous approfondirons cette idée.
Mais c'est dans ce chapitre que tout commence :

Dans la reconnaissance que les gens n'ont pas tort –
ils voient le monde à travers des fenêtres différentes.

Et comme pour toutes les images mentales, la fenêtre façonne le monde plus que nous ne le réalisons.

10 Le dilemme du manager : juger sans savoir

On demande aux managers de juger des situations qu'ils ne peuvent pas voir dans leur intégralité.

Ce n'est pas un défaut du management.

C'est l'essence même du management.

Plus on monte dans une organisation, moins on dispose d'informations directes.

On ne voit plus le travail ; on en voit les traces.

On ne voit plus l'effort ; on voit les résultats.

On ne vit plus les contraintes ; on en entend des fragments dans les emails.

Et pourtant, il faut prendre des décisions qui donnent l'impression d'exiger une connaissance complète.

Au début de ma carrière, je croyais que les décisions se gagnaient par les preuves.
Que si l'on documentait les faits, expliquait son raisonnement, exposait le contexte et argumentait soigneusement, le résultat suivrait naturellement.

L'expérience m'a appris le contraire.

La leçon du tribunal du travail : ce n'est pas la preuve qui décide

Une de mes premières leçons est venue d'un procès au tribunal du travail dans un environnement très technique.

Un salarié avait déposé une plainte, affirmant avoir été traité injustement.

Nous avons préparé méticuleusement : chaque email, chaque chronologie, chaque spécification, clarification et dépendance était documentée. Non pas parce que nous anticipions un conflit, mais parce que le travail technique produit naturellement une trace écrite.

Lors de l'audience, il est devenu clair en quelques minutes que le juge avait à peine le temps d'absorber quoi que ce soit. Il lisait rapidement, butait sur des termes techniques, comprenait mal plusieurs diagrammes, et réduisait des semaines d'interactions complexes à un résumé simplifié.

Le salarié se sentait traité injustement — et de son point de vue, il avait raison.

Ses attentes n'avaient pas été satisfaites, et les attentes ressemblent à des droits quand on est profondément immergé dans son travail.

De notre point de vue, tout s'était déroulé exactement comme documenté.

Pourtant, lorsque la décision est tombée, elle ne reflétait pas la logique interne que nous pensions inattaquable.

Non pas parce que le juge était négligent, ni parce que le salarié était manipulateur.

Mais parce que **le jugement s'est fait sur la tranche visible de l'histoire**, pas sur la réalité vécue en dessous.

La vérité technique ne survit pas bien hors de son propre environnement.

Le contexte s'effondre.

Les nuances s'évaporent.

Il ne reste que ce qui tient dans une courte audience.

Ce fut ma première rencontre avec cette leçon inconfortable :

> On peut avoir une documentation parfaite et pourtant perdre,
>
> car la personne qui juge ne voit pas ce que vous voyez.

Ce fut aussi la première fois que je réalisai à quel point le management ressemble au jugement.

Tous deux exigent des décisions basées sur une connaissance partielle — et tous deux paraissent injustes à quelqu'un après coup.

Des années plus tard, j'ai vu la même dynamique dans un contexte très différent.

L’analogie de la garde d’enfants : deux histoires parfaites, un choix impossible

Une amie proche a traversé un long et douloureux processus de garde d’enfants.

Une relation à peine née est devenue un conflit qui a duré des années.

Je ne connais bien qu’un côté de l’histoire, mais elle présentait :

- des récits cohérents,
- des preuves étendues,
- une logique émotionnelle,
- et une confiance totale d’avoir raison.

De l’extérieur, son histoire était complètement étanche.

Le juge, contraint de décider, devait composer avec :

- une visibilité incomplète,
- des déclarations contradictoires,
- et des histoires privées qu’aucun dossier légal ne pouvait reconstituer entièrement.

La décision ne pouvait jamais tout capturer.

Elle ne pouvait refléter que **des critères externes** : stabilité, continuité, faisabilité, et bien-être de l’enfant.

Observer cela m’a fait comprendre quelque chose sur les institutions :

Quand les gens croient avoir des arguments inattaquables,

le juge doit décider en utilisant des critères qu'aucun d'eux ne considère comme centraux.

La similarité avec le management était frappante.

Le dilemme propre au manager : un conflit technique sans solution technique

Le jugement le plus difficile que j'ai eu à porter en tant que manager impliquait un désaccord technique entre un ingénieur et son manager direct.

Pour l'ingénieur, la question était existentielle — une question d'intégrité professionnelle.

Il croyait qu'une décision technique particulière était erronée et possiblement dangereuse, et il argumentait avec passion, précision et conviction absolue.

Son manager, tout aussi compétent, défendait le contraire — mettant en avant la faisabilité, les délais, les contraintes opérationnelles et l'expérience accumulée.

Les deux étaient sincères.

Les deux étaient rationnels.

Les deux voulaient protéger l'organisation.

Et tous deux voulaient que je décide.

Mais je ne pouvais pas me fier uniquement à l'expertise technique — je n'avais pas assez d'informations pour rendre un jugement technique.

Je devais décider en fonction de paramètres externes qu'aucun d'eux ne considérait comme primaires :

- le risque au niveau organisationnel,
- l'impact à long terme,
- la maintenabilité,
- la cohésion d'équipe,
- le séquençage,
- les limites de ressources,
- et le contexte stratégique plus large.

L'ingénieur voulait être jugé sur la **justesse technique**.

Son manager voulait un jugement basé sur la **réalité opérationnelle**.

Ce que je devais offrir était un jugement basé sur la **nécessité systémique**.

Ce fut la première fois que j'ai pleinement ressenti le poids de ce dilemme :

> Les managers doivent juger sans savoir,
>
> et le résultat paraîtra injuste à quelqu'un.

Le vieil accélérateur

Pendant ma thèse de diplôme, nous travaillions au sous-sol d'un vieux laboratoire – un accélérateur de deutérium relié à un spectromètre de masse qui semblait appartenir à un musée. Chaque fois qu'une plage de faisceau s'ouvrait, nous restions trois jours d'affilée, incluant deux nuits consécutives. Quand le professeur arrivait avec des oursons en gélatine et de la malbouffe – des choses qu'il ne s'autorisait probablement pas en dehors du labo – nous y voyions un signe que le moral devait rester élevé.

Mais ce qui m'est resté, c'était tout autre chose.

L'expérience produisait des événements à un rythme douloureusement lent – une particule ici, une particule là. L'histogramme à l'écran restait obstinément à zéro pendant des minutes entières. Et pourtant, dès qu'une seule case passait de 0 à 1, notre professeur se penchait sur la console et proclamait avec une confiance absolue :

> *"Voilà ! Vous voyez le pic !"*

Bien sûr, statistiquement parlant, rien de significatif ne peut être conclu d'un seul événement. Mais dans son esprit, le pic était déjà là – une histoire qui attendait de se révéler. Un seul comptage suffisait à faire apparaître le motif.

Et il n'avait pas tort à chaque fois.

Juste plus souvent qu'il ne l'imaginait.

C'était l'illustration parfaite de la rapidité avec laquelle l'esprit humain transforme le bruit en causalité quand il s'attend à voir un résultat. Même dans un environnement scientifique, même parmi des experts, le récit arrive souvent avant les données.

Cette tendance dépasse largement le travail scientifique.

L'illusion de l'effort inégal

Au chapitre 7, nous avons vu comment les gens voient leur propre domaine en haute résolution et celui des autres en basse résolution.

Pour les managers, cette distorsion devient plus forte.

Parce que leur visibilité est naturellement limitée, **l'effort devient presque invisible** :

- Ils voient ce qui manquait de clarté, pas les heures passées à y parvenir.
- Ils voient ce qui est arrivé en retard, pas la chaîne d'obstacles derrière.
- Ils voient le résultat, pas les centaines de micro-décisions qui y ont conduit.

Chaque camp se sent incompris.

Chaque camp croit que l'autre a la vie plus facile.

Ce n’est pas un défaut psychologique.

C’est de la géométrie perceptuelle.

La nécessaire humilité de juger sans savoir

Avec le temps, j’ai appris qu’être manager ne signifie pas être le plus informé.

Cela signifie prendre des décisions en sachant que sa compréhension est incomplète.

Le jugement devient un acte d’humilité :

- reconnaître sa vue partielle,
- accepter que la vérité technique n’est qu’une entrée parmi d’autres,
- reconnaître que l’équité est limitée par la visibilité,
- et être conscient que quelqu’un trouvera la décision injuste.

L’aspiration ne devrait pas être une équité parfaite –

because perfect fairness requires perfect information.

L’aspiration devrait être un **raisonnement transparent**,

et la volonté de s’ajuster lorsque de nouvelles informations émergent.

Pourquoi cela importe

Quand les employés se sentent incompris,

quand les managers se sentent piégés,

quand les équipes se sentent jugées à distance,

il vaut la peine de se rappeler :

> *La plupart des décisions dans les institutions sont prises par des personnes qui ne peuvent pas en savoir assez pour décider.*

Cela n'excuse pas les erreurs.

Cela explique la structure dans laquelle elles se produisent.

Voir cela clairement adoucit le jugement –

des autres, et de nous-mêmes.

C'est le début d'une compréhension plus compatissante de la vie institutionnelle,

où les décisions sont prises sous asymétrie,

et où le jugement doit s'exercer sans jamais tout savoir.

Et comme dans les chapitres précédents, la difficulté ne vient pas des personnes – c'est de l'image mentale à partir de laquelle elles sont contraintes de travailler.

11 L'esprit standardisé : pourquoi les institutions paraissent simples de l'extérieur

La mémoire de HEC : Le pouvoir et le danger de la pensée partagée

J'ai choisi d'étudier à HEC parce qu'à l'époque, c'était le meilleur Executive MBA au monde selon le *New York Times* – et je m'étais résigné à passer quelques années avec le genre de "gens d'affaires" que j'imaginais.

Superficiel.

Motivé par l'argent.

Fluent dans les platitudes d'entreprise.

Tous les clichés que vous pouvez imaginer.

Il a fallu environ deux semaines pour que cette image s'effondre.

Je me suis retrouvé entouré de certaines des personnes les plus généreuses, les plus intellectuellement curieuses que j'aie jamais rencontrées. Pas seulement intelligentes académiquement – **intéressantes**.

Des gens avec des carrières étranges, des trajectoires imprévisibles, des convictions inhabituelles.

Des personnes qui avaient vécu intensément avant de venir à l'école de commerce.

Il y avait l'expert en assurance qui avait créé une entreprise concevant des polices très spécialisées – y compris une assurance contre la guerre et le terrorisme. Un jour, il a dû inspecter un hôtel au Moyen-Orient pour déterminer si le missile qui l'avait détruit avait été tiré par un groupe terroriste ou par un gouvernement, car la réponse décidait quelle police payerait les dommages.

Ses histoires n'étaient pas des "études de cas d'école de commerce". C'étaient des romans policiers géopolitiques.

Il y avait l'ancien capitaine de navire, devenu ensuite responsable des opérations dans un pays, et qui dirige aujourd'hui la même grande compagnie maritime, forte de milliers d'employés. Quand je lui ai demandé une fois s'il était sûr de voyager dans une certaine région africaine riche en pétrole, il a répondu "Oui", et a ajouté :

"Très sûr. Nous avions une voiture devant et une derrière – toutes deux équipées de mitrailleuses."

Pas exactement ma définition de *sûr*.

Il y avait le gestionnaire de crise qui a dû faire face à la menace de pneus explosifs lors d'une course de Formule 1 – une situation où des dizaines de décisions devaient être prises sous une pression extrême, avec des informations incomplètes, et avec le monde entier qui regardait.

Et il les a prises.

Calmement.

Rationnellement.

Et a vécu avec les conséquences.

Il y avait la femme achetant des œuvres d'art pour des milliards au nom d'un milliardaire bien connu ; la camarade russe qui a vendu son appartement pour payer ses frais de scolarité ; le gestionnaire de private equity qui a quitté son emploi parce qu'il ne pouvait plus accepter le coût humain du modèle "croissance à tout prix".

Aucune de ces personnes ne correspondait à mon stéréotype.

Chacune d'elles a élargi mon monde.

Et parce que l'expérience était si riche, quelque chose d'autre s'est produit – quelque chose que je n'ai pas pleinement remarqué à l'époque :

Nous avons tous commencé à penser de manière similaire.

L'école de commerce vous donne des cadres, des diagrammes, des raccourcis conceptuels.

Ils sont extrêmement utiles ; en fait, brillants.

Ils permettent à cinquante personnes de cinquante horizons différents de discuter rapidement et clairement de problèmes complexes.

Mais ils **standardisent aussi l'esprit**.

Au bout d'un moment, vous commencez à voir les problèmes sous les mêmes formes, à diagnostiquer les enjeux avec la même logique, et à structurer vos pensées avec les mêmes modèles.

> Ce qui ressemble à de l'intelligence est souvent un entraînement partagé.
>
> Ce n'est pas de l'endoctrinement.
>
> C'est de la répétition.

Et plus tard, quand vous rencontrez la vraie complexité institutionnelle, il y a un choc silencieux :

Le monde ne se comporte pas comme les diagrammes.

Les consultants — dont beaucoup viennent du même écosystème intellectuel — apportent ces cadres prêts à l'emploi dans les organisations. Ils servent un but : clarté, alignement, communication.

Mais la clarté peut être trompeuse.

Un diagramme peut être parfaitement vrai à 30 000 pieds…

et complètement faux au niveau du sol.

Ce n'est pas une critique.

Juste une observation : les images mentales empruntées sont puissantes, mais elles ne sont pas acquises.

Vous héritez de la structure sans la lutte, du modèle sans l'ambiguïté, de la clarté sans le désordre qui l'a produite.

Et c'est précisément pour cela que les amitiés de HEC restent si fortes.

Tous les six mois, quelqu'un organise une réunion quelque part dans le monde.

Officiellement, c'est une rencontre ; en réalité, c'est une fête autour d'un long week-end d'échanges d'idées, d'histoires, et d'absurdités de la vie.

C'est l'un des rares environnements où je me sens intellectuellement stimulé, personnellement ancré, et rappelé que la complexité n'est pas quelque chose à craindre — c'est quelque chose à partager.

HEC m'a appris beaucoup de choses.

Mais peut-être la plus importante était celle-ci :

> On ne voit la complexité que lorsqu'on s'en approche.
>
> Et on ne la comprend que lorsqu'on entend cinquante versions différentes du même monde.

Et une fois que vous quittez cet environnement, vous voyez le schéma inverse partout.

L'illusion du "Y'a qu'à" – Quand des images élégantes remplacent la réalité

Plus je passe de temps dans les institutions, plus je remarque un schéma étrange.

Chaque fois que quelqu'un regarde un système inconnu de l'extérieur – un ministère, un hôpital, une unité informatique, une école, une entreprise, un gouvernement – les solutions paraissent élégantes, évidentes, et étrangement propres.

C'est le phénomène universel du *Y'a qu'à.*

Il résume, en une syllabe, la posture de l'observateur extérieur qui voit la **forme** d'un problème, pas sa **structure**.

- "Y'a qu'à harmoniser."
- "Y'a qu'à simplifier."
- "Y'a qu'à créer un nouveau processus."
- "Y'a qu'à reprendre le contrôle."

Le ton est confiant parce que l'image est propre.

L'observateur voit :

- l'organigramme
- le mandat formel
- la description officielle du processus
- le diagramme simplifié

Ce qu'il ne voit **pas**, ce sont les forces sous-jacentes :

- contraintes juridiques contradictoires
- couches d'héritage historiques
- alliances interpersonnelles
- dépendances temporelles
- attentes tacites
- risques impossibles à formaliser
- les ombres des crises passées
- les normes informelles qui guident tout sans jamais être documentées

La complexité institutionnelle est invisible à l'observateur —

et parce qu'elle est invisible, l'observateur suppose qu'elle n'existe pas.

De l'extérieur, toutes les institutions paraissent mal gérées.

De l'intérieur, elles paraissent impossibles à simplifier.

Et les deux perspectives sont sincères.

Externalisation et internalisation – Le plus simple des “Y’a qu’à”

Parmi les formes les plus pures de pensée *y’a qu’à* figure une phrase que j’ai entendue maintes fois :

“L’informatique est facile à externaliser.”

Généralement prononcée par quelqu’un qui n’a jamais essayé.

Externaliser n’est pas un transfert de coût.

C’est un transfert de **complexité**.

Pour externaliser avec succès, une organisation doit :

- transformer les exécutants en superviseurs
- conserver suffisamment d’expertise pour vérifier le travail du prestataire
- gérer la dépendance au fournisseur
- anticiper les risques tiers (y compris les acteurs malveillants)
- standardiser les connaissances non documentées
- assurer la clarté contractuelle
- préserver la maintenabilité à long terme
- et créer une stratégie de sortie qui fonctionne même si le fournisseur s’effondre

Tout cela est invisible dans la phrase

“Y’a qu’à externaliser.”

L’illusion inverse est tout aussi séduisante :

“Il faut construire cela en interne pour éviter la dépendance.”

Peut-être – mais alors il faut :

- maintenir le logiciel pendant des années
- recruter des talents techniques rares
- gérer le turnover
- tout documenter
- construire un plan de financement à long terme
- et accepter que “en interne” ne signifie pas automatiquement “plus sûr”

Ni l’externalisation ni l’internalisation ne sont simples.

Ce ne sont pas des idéologies.

Ce sont des **compromis**.

Mais le *y’a qu’à* transforme les compromis en slogans – c’est pourquoi les vraies stratégies souffrent quand elles sont réduites à des choix binaires. Et ce n’est qu’une des raisons pour lesquelles les institutions résistent aux solutions élégantes.

Un Rappel Bref : Pourquoi les Institutions Résistent aux Solutions Simples

C’est aussi pourquoi les institutions repoussent instinctivement les solutions élégantes en une ligne.

Chaque règle dans les marchés publics, le recrutement ou le contrôle financier existe parce que quelqu'un a un jour exploité l'absence de cette règle.

Individuellement, ces règles ont parfaitement du sens.

Collectivement, elles créent une gravité administrative dont aucune personne seule ne peut s'échapper.

Supprimer une règle peut sembler être une simplification –

mais cela ressuscite souvent le problème qui a motivé l'existence de cette règle au départ.

C'est la partie que la vision *y'a qu'à* ne perçoit pas.

Les consultants et la séduction de la clarté portable

Les consultants ont un don remarquable : la capacité d'imposer une structure au chaos.

Donnez-leur une salle et un tableau blanc, et ils peuvent :

- produire un modèle de maturité,
- positionner votre unité sur une courbe,
- cartographier vos processus dans des quadrants,
- créer une feuille de route pour la transformation.

Ces modèles ne sont pas dénués de sens.

Ils aident les gens à parler de choses autrement intangibles.

Mais ils comportent un danger inhérent :

- ils voyagent trop facilement entre les contextes,
- ils créent la confiance plus vite qu'ils ne génèrent la compréhension,
- et ils produisent un sentiment de progrès sans changer les contraintes.

Les institutions absorbent ces modèles parce qu'ils donnent un sentiment de pouvoir.

Ils offrent une sensation de contrôle.

Ils réduisent l'anxiété.

Ils promettent une orientation.

Mais la clarté importée de l'extérieur ne se traduit pas automatiquement par une clarté intérieure.

> Les institutions ne sont pas des énigmes à résoudre.
>
> Ce sont des écosystèmes à naviguer.

Et les écosystèmes ne réagissent pas bien aux solutions simples.

Pourquoi les institutions résistent aux solutions simples

De l'extérieur, une institution ressemble à une machine.

De l'intérieur, c'est un paysage de priorités concurrentes, de compromis invisibles, et de tensions soigneusement équilibrées.

Une "solution" qui améliore une dimension nuit presque toujours à une autre.

- La rapidité réduit la conformité.
- La standardisation réduit la flexibilité.
- L'innovation réduit la stabilité.
- La centralisation réduit l'autonomie.
- La simplicité réduit la précision.
- L'efficacité réduit la redondance – et la redondance est sécurité.

Ce qui semble être un comportement irrationnel de l'extérieur s'avère souvent être la seule manière de satisfaire plusieurs forces qui ne peuvent pas toutes être visibles à la fois.

Les institutions ne résistent pas au changement parce que les gens craignent l'amélioration.
Elles résistent parce que changer une partie du système tire sur vingt autres parties que les étrangers ne voient pas.

La vision *y'a qu'à* ignore cela complètement.

Pourquoi les étrangers se sentent malins — et les initiés se sentent piégés

Il existe un schéma émotionnel particulier dans la vie institutionnelle :

- Les étrangers se sentent malins.
- Les initiés se sentent piégés.
- Les consultants se sentent confiants.
- Les managers se sentent accablés.
- Le personnel se sent incompris.

Chacun voit une couche différente de la réalité.

L'étranger voit la **forme** du problème.

L'initié voit les **contraintes** du problème.

Le manager voit le **système** autour du problème.

Le consultant voit le **modèle** du problème.

Personne n'a tort — ils regardent simplement des images différentes.

Mais les conséquences émotionnelles sont bien réelles :

- L'étranger pense que l'initié est incompétent.
- L'initié pense que l'étranger est naïf.
- Le manager se sent responsable d'un système qui ne peut pas bouger proprement dans aucune direction.
- Le consultant croit que la clarté suffit à provoquer l'action.

— Et le personnel se sent pris entre modèles et réalité.

C'est l'équivalent institutionnel de plusieurs personnes décrivant des faces différentes de la même montagne.

Et la leçon derrière tout cela est étonnamment discrète.

La vraie leçon : l'humilité comme outil cognitif

Après des décennies dans des environnements techniques, des rôles de gouvernance, et des institutions publiques, je suis arrivé à une conclusion tranquille :

Le problème n'est pas que nos images mentales simplifient la réalité.

Le problème est que nous oublions qu'elles ne sont **que des images**.

HEC m'a donné des outils puissants —

mais elle a aussi formaté ma pensée.

Les consultants apportent de la clarté —

mais la clarté n'est pas la compréhension.

Les diagrammes aident —

mais les diagrammes ne sont pas des systèmes.

Les institutions paraissent absurdes de l'extérieur —

mais l'absurdité est souvent structurelle, pas personnelle.

La solution n'est pas d'abandonner les modèles ou cadres.

C'est de les tenir légèrement – avec curiosité plutôt qu'avec conviction.

Au moment où nous pensons *"Y'a qu'à"*, nous devrions faire une pause et nous demander :

- "Quelles contraintes invisibles ne vois-je pas ?"
- "Quels compromis façonnent cette situation ?"
- "Quelles forces opèrent sous l'image mentale que je connais ?"

Cette pause – cette petite humilité cognitive – est ce qui nous protège de la séduction de la pensée simplifiée.

Et elle nous permet d'aborder les institutions avec compassion plutôt qu'avec frustration.

Parce qu'une fois que vous voyez les couches invisibles,

vous comprenez pourquoi rien – ni personne – n'est aussi simple que l'image mentale avec laquelle vous avez commencé.

Et comme dans les chapitres précédents, l'image n'est jamais la chose.

12 Rituels, procédures et le confort des institutions

Toute institution développe des rituels.

Certains commencent comme des contrôles sensés.

Certains commencent comme des dispositifs techniques de sécurité.

Certains commencent comme des outils de documentation.

Mais avec le temps, beaucoup dérivent vers autre chose :

des symboles de responsabilité plutôt que des actes de responsabilité.

À l'intérieur d'une institution, la frontière entre procédure et rituel est mince.

Une procédure est un outil.

Un rituel est quelque chose que l'on accomplit pour se sentir en sécurité.

Dans les systèmes complexes, les rituels se développent parce qu'ils sont réconfortants.

Ils créent de la structure là où la réalité sous-jacente refuse d'être structurée.

Ce chapitre parle des choses étranges que font les institutions lorsque le monde qui les entoure devient trop complexe pour être compris directement.

Le rituel de l'UAT : quand "l'acceptation" devient du théâtre

Un des exemples les plus clairs que j'aie jamais vus de cette dynamique est le rituel des tests d'acceptation utilisateur (UAT).

Pour moi, le sens résidait toujours dans le nom :

Utilisateur • Acceptation • Test

avec l'accent sur *acceptation*, pas sur *test*.

Le département technique doit tester si tout fonctionne –

tout comme vous ne testez pas le système d'injection de carburant quand vous prenez votre nouvelle voiture.

Vous faites confiance au fait que le moteur a été testé correctement.

Votre rôle est simplement de vérifier si la voiture fait ce que vous attendiez, puis de l'accepter avant que quelqu'un d'autre dans la famille ne la conduise.

La UAT devrait fonctionner ainsi :

une confirmation finale que le changement se comporte comme attendu du point de vue de l'utilisateur –

pas une reconstitution de toute la batterie de tests techniques.

Mais quelque part en chemin,l'UAT dans de nombreuses organisations est devenue autre chose :

une remise symbolique de la responsabilité.

Pas tout à fait un “ce n'est plus mon problème”,

mais un déplacement subtil du fardeau :

Si quelque chose tourne mal à partir d'ici, c'est que le métier l'a accepté.

Et une fois que la responsabilité entre en jeu, la procédure s'allonge.

J'ai vu cela dans un rôle précédent.

Nous avons introduit une toute petite modification dans un système backend – quelque chose qui aurait pu être validé en quelques minutes.

Pourtant, notre processus de UAT exigeait près de cinquante workflows, incluant beaucoup qui n'avaient rien à voir avec le changement.

Les gens devaient exécuter de longs scripts, prendre des captures d'écran, produire des preuves, remplir des tableaux, et valider des dizaines d'étapes complètement sans rapport avec la modification.

Tout le monde savait que c'était disproportionné.

Tout le monde savait quels tests comptaient et lesquels ne comptaient pas.

Tout le monde savait qu'une vérification significative aurait pu être terminée avant le déjeuner.

Mais **le rituel était devenu la règle**.

La UAT n'était plus une méthode pour valider la fonctionnalité ;

elle était devenue une procédure pour la responsabilité partagée – ou plus précisément, la *répartition du blâme.*

Ce n'est pas de l'incompétence.

C'est une réponse humaine prévisible à la complexité :

quand les conséquences sont incertaines, les rituels grandissent – pas parce que le système en a besoin, mais parce que les supprimer semble dangereux.

La UAT devient du théâtre parce que l'interface entre *solution fournie* et *solution utilisée* est précisément là où se cachent les malentendus.

Et les rituels grandissent partout où les interfaces créent de l'anxiété.

Pourquoi les leaders surestiment la vitesse – L'illusion du meilleur cas devenu la norme

La deuxième idée est liée, mais distincte.

Ce qui me surprend encore, même après des décennies dans les institutions, c'est à quel point les gens intègrent rarement la lenteur structurelle dans leurs attentes.

Tout le monde voit les processus longs, les règles complexes de conformité, les goulets d'étranglement, les pénuries de personnel, les dépendances –

pourtant ces observations entrent rarement dans leurs modèles mentaux de la durée que quelque chose *devrait* prendre.

Au lieu de cela, le **meilleur cas devient le cas attendu**,

et chaque déviation devient une surprise, voire un échec.

Les hauts dirigeants vivent cela encore plus intensément.

Leurs propres demandes sont généralement traitées en haute priorité, gérées directement par les personnes les plus compétentes, contournant files d'attente et barrières.

Leur expérience personnelle de l'institution est donc anormale – le système à sa vitesse la plus rapide et la plus alignée.

Depuis ce point de vue, les processus semblent efficaces et simples.

Les retards paraissent exceptionnels.

Les goulets d'étranglement paraissent être de la mauvaise gestion.

Et l'effort lent et laborieux des opérations normales devient invisible.

Cela crée une illusion structurelle :

Les leaders jugent le système par sa performance en meilleur cas,

même lorsque le système fonctionne 95% du temps à sa vitesse contrainte.

Les gens disent : "La prochaine fois, on fera mieux",

même si les dix tentatives précédentes ont été aussi lentes pour les mêmes raisons structurelles.

Les facteurs environnementaux – conformité, risque, dépendance, sous-effectif – sont visibles mais pas internalisés.

L'espoir demeure que la prochaine itération se comportera magiquement comme celle en meilleur cas.

Ce décalage entre ambition et moyens n'est pas qu'un problème de planification.

Il affecte le moral.

Les équipes ont le sentiment de décevoir des attentes qui n'étaient jamais réalistes.

Les leaders ont le sentiment que les initiatives sous-performent même lorsque les équipes fonctionnent à la vitesse maximale durable du système.

Les faibles attentes peuvent être la clé du bonheur,

mais **les attentes alignées sont la clé de la motivation**.

Les systèmes complexes ne deviennent pas plus rapides parce que nous les imaginons rapides.

Ils deviennent plus clairs seulement quand nous cessons de les mesurer par rapport à des versions idéalisées d'eux-mêmes —

et commençons à reconnaître les contraintes qui façonnent chaque étape.

La procédure comme bouclier : le risque moral de la conformité

Une des illusions les plus persistantes dans la vie institutionnelle est la croyance que :

> Si vous suivez la procédure, vous êtes en sécurité.
>
> Si vous improvisez, vous êtes exposé.

Cette croyance crée un risque moral subtil mais puissant :

les gens commencent à se cacher derrière les processus plutôt qu'à exercer leur jugement.

J'ai vu du personnel talentueux choisir le chemin le plus procédural — lent, inefficace, redondant — simplement parce que c'était le chemin approuvé, même lorsqu'ils savaient qu'une option plus rapide était correcte.

J'ai vu des décisions repoussées parce que le processus officiel ne mentionnait pas explicitement la situation en cours.

J'ai vu des projets entiers arrêtés pendant que l'organisation attendait une signature dont personne n'avait vraiment besoin, mais que tout le monde se sentait plus en sécurité d'obtenir.

“La procédure comme bouclier” crée une atmosphère où la responsabilité devient symbolique :

- Le formulaire a été signé.
- La liste de contrôle a été complétée.
- Le document a été téléchargé.
- L'étape a été suivie.

Donc, nous *devons* être en sécurité — même quand ce n'est pas le cas.

Il est tentant de critiquer ce comportement.

Mais de l'intérieur, il a un sens émotionnel.

Quand la complexité dépasse ce que les individus peuvent tenir dans leur tête, les procédures deviennent l'échafaudage auquel les gens s'accrochent.

Quand les procédures dérivent de leur propre origine

Il existe un phénomène subtil qui ne se révèle qu'après des années passées dans de grandes organisations :

les procédures accumulent des interprétations.

Quelqu'un réécrit une étape pour "la rendre plus claire".

Quelqu'un d'autre ajoute des consignes dans un courriel.

Une troisième personne la condense en une diapositive de formation.

Finalement, l'organisation ne suit plus la règle originale

mais une chaîne de réinterprétations.

J'ai souvent constaté qu'un retour à la source – le règlement original, le document technique original, la conception originale – résout les ambiguïtés que des couches d'interprétation avaient créées.

C'est une expérience surprenante :

on fait un pas en arrière et soudain tout redevient simple.

Le système n'a jamais été aussi complexe.

Notre compréhension avait été déformée par des couches de simplifications bien intentionnées.

En ce sens, les procédures vieillissent comme des photocopies.

Plus elles s'éloignent de l'original, plus elles deviennent difficiles à lire.

Le confort de la prévisibilité dans un système chaotique

Les institutions, même lorsqu'elles sont composées de bonnes personnes, produisent du chaos.

Non par malveillance, mais par structure :

- priorités conflictuelles,
- règles superposées,
- attentes changeantes,
- négociations informelles,
- pressions impossibles à harmoniser.

Quand l'environnement devient imprévisible, les gens cherchent des îlots de certitude.

Les procédures deviennent ces îlots.

Un formulaire signé semble fiable.

Une checklist semble objective.

Un workflow donne l'impression de contrôle.

Peu importe que ce contrôle soit souvent symbolique.

Ce qui compte, c'est le *sentiment* d'ordre.

C'est pourquoi les rituels se développent même lorsque tout le monde s'accorde à dire qu'ils font perdre du temps.

Ils rendent le monde navigable.

La procédure absorbe l'anxiété.
La procédure absorbe la responsabilité.
La procédure absorbe l'incertitude.

Et une fois qu'une procédure a absorbé ces choses,
il devient presque impossible de la supprimer.

Pourtant, il y a un autre aspect de la procédure.

Quand la répétition est une vertu

Avant de critiquer trop facilement le comportement procédural,

il est important de reconnaître le côté de la procédure que l'on célèbre rarement :

la répétition peut être une forme d'excellence.

Un ami proche est infirmier et manipulait régulièrement une machine utilisée pour extraire les globules blancs des donneurs.

La procédure était détaillée, précise, et absolument inflexible.

Chaque étape devait être suivie dans l'ordre exact :

- même configuration,
- même timing,
- même calibration,
- même vérification,
- mêmes mouvements de main.

Pas d'improvisation.

Pas de raccourcis.

Pas de "je pense que ça va".

Et j'en suis reconnaissant.

Quand les enjeux sont élevés – en médecine, en aviation ou en sûreté nucléaire –

nous ne voulons pas de créativité.

Nous voulons stabilité, reproductibilité, et des systèmes qui se comportent de la même façon le lundi matin que le vendredi soir.

Les procédures peuvent créer ce type de maturité institutionnelle :

un niveau de qualité constant qui ne dépend ni de l'humeur, ni du talent, ni de l'interprétation individuelle.

C'est le côté beau de la procédure –

le côté qui protège la vie, garantit la qualité, et rend les machines complexes dignes de confiance.

La tragédie est que les mêmes mécanismes qui produisent la fiabilité dans les domaines critiques

peuvent devenir des rituels surchargés dans les domaines non critiques,

où le coût ne justifie plus le comportement.

Le talent consiste à savoir faire la différence.

L'ironie : les procédures supervisent les personnes – même quand elles comprennent mieux

Il y a une ironie discrète dans la vie institutionnelle :

plus une personne gagne en expérience,

plus elle se sent contrainte par des procédures conçues pour protéger des collègues moins expérimentés.

Les experts comprennent souvent le système plus profondément que ne le décrit le processus.

Ils voient des modes de défaillance que la documentation ignore.

Ils savent quels raccourcis sont sûrs et lesquels ne le sont pas.

Pourtant, ils doivent suivre les mêmes étapes rituelles que tout le monde.

Cela crée une contradiction interne :

> Les personnes qui comprennent le système le plus profondément
>
> sont forcées d'agir comme si ce n'était pas le cas.

L'institution exige une action standardisée,

même lorsque le jugement expert serait plus précis.

Ce n'est pas irrationnel.

C'est une conséquence de l'échelle.

Les institutions ne peuvent pas dépendre de l'excellence individuelle ;

elles dépendent donc de l'uniformité.

Mais l'uniformité a un coût : elle inhibe l'expertise dont l'institution a le plus besoin

Pourquoi les procédures se multiplient : une règle évolutive simple

Il existe une règle évolutive dans les systèmes procéduraux :

Chaque fois que quelque chose tourne mal, une nouvelle étape est ajoutée.

Très rarement une est supprimée.

Cet effet cliquet produit une croissance lente mais implacable.

Au fil du temps, les procédures s'accumulent en grappes de filets de sécurité obsolètes.

Finalement, plus personne ne se souvient pourquoi la moitié des étapes existent.

Les processus deviennent des couches archéologiques —

des réponses fossilisées à des événements oubliés depuis longtemps.

J'ai un jour demandé pourquoi l'étape 17 existait dans un long workflow d'approbation.

La réponse fut simplement :

"Elle a toujours été là."

À ce stade, l'institution ne suit plus un processus.
Elle suit un rituel.

La logique émotionnelle des rituels

Les rituels persistent parce qu'ils satisfont des besoins émotionnels :

- ils réduisent la peur,
- ils répartissent la responsabilité,
- ils créent un langage commun,
- ils limitent la culpabilité,
- ils compressent la complexité,
- ils permettent de naviguer dans l'incertitude.

Une checklist peut être inutile dans la plupart des cas,

mais essentielle dans quelques-uns.

Les institutions optimisent pour éviter les erreurs catastrophiques

plus que pour l'efficacité moyenne.

Alors, les rituels survivent.

> Le coût de l'inefficacité est toléré.
>
> Le coût de l'erreur ne l'est pas.

Comment les rituels renforcent les images mentales

Les rituels façonnent la manière dont les gens imaginent le fonctionnement du système.

Un workflow suggère la linéarité.

Un formulaire suggère que la responsabilité est transférable.

Une signature suggère que le risque est partagé.

Une checklist suggère que la complétude est possible.

Ces impressions sont réconfortantes –

mais ce sont des images mentales, pas la vérité.

Les rituels ne décrivent pas le système.
Ils décrivent nos espoirs pour le système.

Quand les rituels remplacent la confiance

La confiance contracte les rituels ;

la méfiance les étend.

Là où les équipes se font confiance,

une conversation remplace un formulaire.

Là où la confiance est faible,

un formulaire remplace une conversation.

Chaque procédure supplémentaire est, en un sens,

une note de bas de page dans l'histoire émotionnelle de l'institution –

un résidu d'un moment où quelqu'un s'est senti exposé ou non protégé.

Les rituels préservent la paix en évitant la mémoire.

La vraie leçon : les rituels sont des cartes de la peur, pas des cartes de la réalité

Après de nombreuses années passées dans des institutions techniques et publiques,

je suis arrivé à une conclusion simple :

Les procédures révèlent les peurs d'une institution plus honnêtement

que sa structure officielle.

Chaque étape inutile a un jour empêché une erreur.

Chaque case cochée a un jour protégé quelqu'un.

Chaque signature a un jour absorbé une responsabilité difficile.

Comprendre cela change notre interprétation du comportement institutionnel.

On cesse de supposer l'incompétence.

On cesse d'attendre la linéarité.

On cesse de croire que les rituels sont irrationnels.

On commence à les voir comme des artefacts émotionnels –

des prothèses pour la complexité.

Le but n'est pas de les démolir,

mais de comprendre ce qu'ils protègent.

Et de créer un espace où le jugement – et non le rituel – peut de nouveau guider l'action.

Parce que les institutions auront toujours besoin de procédures.

Mais elles auront toujours encore plus besoin de réflexion.

13 Quand la croyance devient identité (et que les preuves cessent de fonctionner)

La plupart des gens pensent que les croyances erronées survivent à cause de l'ignorance.
En réalité, elles survivent à cause de **l'identité**.

Une croyance devient dangereuse non pas lorsqu'elle est fausse, mais lorsqu'elle devient **une partie de ce que nous sommes**.

Une fois que cela arrive, les preuves ne rivalisent plus avec l'information –

elles rivalisent avec la **préservation de soi**.

C'est pourquoi certaines idées peuvent être corrigées en une phrase,

alors que d'autres survivent à tout, y compris à l'échec.

La terre plate n'est pas une affirmation cosmologique – c'est une affirmation psychologique.

Je n'ai jamais été très intéressé par le débat sur la terre plate pour ses mérites scientifiques — il n'y en a pas —

mais je *m'intéresse* à l'image mentale qui la sous-tend.

Les partisans de la terre plate ne débattent pas réellement de la forme de la planète.
Ils débattent de **qui il faut croire** :

— "Je ne crois que ce que je peux voir."
— "Je ne fais pas confiance aux experts."
— "Je ne fais pas confiance aux institutions."
— "Je fais confiance à mes propres yeux."

Cela sonne noble — la dignité de l'autonomie.

Mais cela contient une erreur philosophique discrète :

Les yeux ne sont pas fondamentalement différents des instruments. Ce sont simplement des instruments auxquels nous sommes émotionnellement attachés.

Si vous ne faites pas confiance aux instruments optiques, spectromètres, systèmes GPS ou radiotélescopes,

mais que vous faites confiance aux deux détecteurs biologiques dans votre tête,

la différence n'est pas épistémique — elle est sentimentale.

Et quand on regarde de près, la logique de la "terre plate" apparaît partout :

— *"Je ne crois que ce que j'ai personnellement vécu."*

- *"Je l'ai vu de mes propres yeux."*
- *"Cela semble vrai."*

C'est la même architecture cognitive – l'élévation de l'image interne au-dessus de tout le reste.

Les croyances erronées survivent parce qu'elles semblent **"à soi"**, et donc sûres.

Et cette même dynamique apparaît quand on regarde les experts.

Le paradoxe de l'expert : faire trop confiance, ou ne faire confiance à personne

Il y a un problème connexe qui ne cesse de croître dans la vie moderne :

À qui devons-nous faire confiance ?

Si vous faites confiance au mauvais expert, vous vous retrouvez à crier des slogans que vous ne comprenez pas.

Si vous ne faites confiance à aucun expert, vous finissez par réinventer le Moyen Âge.

Le problème n'est pas que la plupart des gens soient irrationnels.

Le problème est que **le monde est trop complexe pour être évalué seul**,

et pourtant trop polarisé pour savoir sur qui compter.

La vérité est inconfortable :

Croire à "votre expert" mène à la polarisation.

Croire seulement en soi mène à la terre plate.

Le seul terrain d'entente viable est la pensée critique – le scepticisme appliqué également à soi-même et aux autres.

Mais la pensée critique a un coût.

Elle exige le courage d'admettre "Je pourrais avoir tort",

et ce courage est inégalement réparti.

Le coût émotionnel d'admettre une erreur

Il y a un comportement que j'ai vu à plusieurs reprises dans la vie professionnelle,

et qui me surprend encore à chaque fois.

Un projet échoue – parfois de manière spectaculaire –

à cause d'une décision qui était clairement erronée dès le départ.

Pendant le projet, vous pouvez penser :

"Une fois qu'ils verront les conséquences, ils comprendront enfin."

Mais voici ce qui se passe réellement :
Les gens s'enfoncent davantage.

Ils insistent sur le fait que la décision était correcte.

Ils réinterprètent les événements pour maintenir l'image initiale.

Ils blâment le timing, les ressources, la chance, des facteurs externes – tout sauf la décision elle-même.

Pas parce qu'ils sont têtus.

Pas parce qu'ils sont incompétents.

Mais parce que le coût émotionnel d'admettre une erreur

est parfois plus élevé que le coût de croire à des absurdités.

C'est pourquoi certaines personnes ne reconsidèrent jamais leur opposition aux vaccins

même après des conséquences graves.

C'est pourquoi des groupes s'accrochent à des positions politiques désastreuses

même après que les preuves se soient effondrées.

Et c'est pourquoi, dans les organisations, des stratégies échouées continuent d'être défendues

comme "fondamentalement justes – juste mal exécutées".

> Une fois qu'une image mentale devient personnelle,
>
> la correction ressemble à une automutilation.

J'ai vu ce même schéma en management plus souvent qu'ailleurs.

La version du manager : pourquoi les preuves convainquent rarement

J'ai vu cette dynamique le plus clairement en management.

Les gens croient parfois que la façon de convaincre un manager est de collecter des preuves —

la fameuse mécanique *il a dit / elle a dit* d'emails, documents, captures d'écran, reproductions, chronologies, et rationalisations a posteriori.

Ils s'attendent à un genre de drame judiciaire :

les preuves sont présentées, la vérité émerge, le jugement est rendu.

Mais cela ne fonctionne pas comme ça.

Un manager ne peut pas reconstruire la réalité à partir de fragments.

Il y a trop de pièces mobiles, trop de contraintes invisibles, trop de pièces manquantes.

Au final, les décisions reposent souvent sur quelque chose de beaucoup plus simple :

la confiance

les schémas

la cohérence

la manière dont quelqu'un gère l'incertitude

la manière dont quelqu'un réagit sous pression

la manière dont quelqu'un parle quand il a tort

Vous pouvez apporter autant de preuves que vous voulez ;

si l'image mentale que l'on a de vous est "digne de confiance", vos preuves seront crues.

Si l'image mentale est "peu fiable", rien de ce que vous apportez ne suffira.

Cela n'a rien à voir avec l'équité.

Cela a tout à voir avec la complexité.

Et c'est précisément le même mécanisme qui fait perdurer les croyances erronées dans le monde hors des organisations :

l'image interne décide avant que les faits n'arrivent.

Pourquoi les croyances erronées sont si difficiles à écarter

Les croyances erronées survivent parce qu'elles simplifient le monde.

Elles nous donnent de la clarté au moment même où la clarté semble impossible.

Elles protègent l'identité.

Et surtout :

Les corriger exige de confronter les limites de nos propres images mentales.

C'est douloureux.

Les humains éviteront la douleur émotionnelle même lorsque l'alternative est une absurdité intellectuelle.

C'est pourquoi :

- les partisans de la terre plate continuent à débattre après chaque réfutation,
- les activistes anti-vaccins continuent à poster après chaque tragédie,
- les promoteurs de projets défendent des stratégies échouées,
- et les employés s'accrochent à des interprétations qui ne correspondent plus à la réalité.

La croyance ne porte plus sur la vérité.

Elle porte sur la continuité du soi.

La seule échappatoire : pensée critique, curiosité et humilité

La solution n'est pas :

- croire aveuglément les experts
- ou ne pas leur faire confiance aveuglément
- ou ne compter que sur l'expérience personnelle
- ou ne compter que sur le savoir institutionnel.

La solution est bien plus inconfortable :

Appliquer le scepticisme d'abord à votre propre image mentale.

Le geste qui sépare les esprits rigides des esprits flexibles est simple :

"Voilà comment cela me semble.

Mais je pourrais avoir tort. Que ne vois-je pas ?"

Cette petite phrase est la porte d'entrée vers la complexité.

Elle n'élimine pas les fausses croyances — tout le monde en a —

mais elle empêche qu'elles se figent en identité.

Elle transforme la certitude en questionnement.

Elle transforme la croyance en hypothèse de travail.

Et elle nous permet de naviguer dans un monde où les preuves ne sont jamais complètes, les experts ne sont pas d'accord,

tout le monde a un agenda,

et l'image la plus simple est rarement la bonne.

Mais avant de pouvoir faire cela, il faut comprendre ceci :

le plus grand obstacle à la compréhension du monde

n'est pas l'ignorance,

mais le mécanisme émotionnel qui protège nos images mentales de la mise à jour.

Une fois que nous voyons cela,

le reste du livre devient plus facile à comprendre.

Et le monde devient un peu moins opaque. Car au final, c'est toujours l'image – pas le monde – qui doit changer.

14 La méthode scientifique et la dignité de ne pas savoir

La science est souvent présentée comme un ensemble de faits.

Mais au fond, la science n'est pas un catalogue de vérités ; c'est une méthode — une manière disciplinée de tester nos images mentales sans nous demander de les abandonner.

La pensée humaine fonctionne avec des modèles simplifiés.

Le monde est trop vaste, trop rapide, trop compliqué pour que notre esprit le saisisse directement.

Les images mentales sont la façon dont le cerveau compresse la réalité en quelque chose de suffisamment petit pour être manipulé.

Dans la vie quotidienne, ces images sont indispensables.

Elles nous aident à agir.

Elles permettent la communication.

Mais elles nous trompent aussi — non pas parce qu'elles sont "fausses", mais parce qu'elles sont incomplètes.

Le génie de la méthode scientifique est qu'elle ne nous demande pas d'arrêter d'utiliser des images mentales.

Elle nous demande de **les vérifier**.

Et les vérifier est inconfortable.

La science comme inconfort discipliné

La méthode scientifique est un ensemble de procédures pour créer un inconfort structuré.

Une expérience en double aveugle commence par admettre :

“Si nous savons qui reçoit quoi, nous influencerons le résultat.”

La revue par les pairs commence par supposer :

“Quelqu’un d’autre doit attaquer mon idée, car je lui suis trop attaché.”

Les barres d’erreur disent :

“C’est ma meilleure estimation, mais j’attends des variations.”

La réplication dit :

“Un résultat prouve très peu.”

Le langage scientifique est prudent non pas parce que les scientifiques sont modestes, mais parce que la méthode elle-même impose la modestie.
Des mots comme “suggère”, “compatible avec”, “indique”, et “soutient provisoirement” ne sont pas des précautions rhétoriques ; ce sont des reconnaissances de la réalité.

La science n’élimine pas l’incertitude.

Elle l’expose.

Et cette exposition est le but.

La science n'est pas la quête de la certitude.

La science est la quête du **moins faux**.

Et nulle part cela ne m'est apparu plus clairement que dans la pharmacologie.

L'objectivité signifie accepter tous les effets, pas seulement ceux désirés

Un des aspects les plus beaux de la pensée scientifique est son insistance sur l'objectivité.

Pas l'objectivité au sens d'une neutralité parfaite – cela est impossible –

mais l'objectivité au sens du refus de privilégier les effets que nous aimons.

La formation scientifique vous oblige à regarder toutes les conséquences d'une intervention,

pas seulement les résultats qui correspondent à vos attentes.

Cela m'est devenu particulièrement clair lors de mes études en pharmacologie.

Les médicaments étaient toujours présentés avec une longue liste d'actions physiologiques.

Certaines étaient qualifiées de mécanisme – la raison d'être du médicament.

D'autres étaient qualifiées d'effets secondaires, comme s'ils étaient d'une certaine façon extérieurs au vrai but du médicament.

Mais biologiquement, le corps ne fait pas cette distinction.

Une molécule interagit avec des récepteurs, des enzymes, des tissus et des voies.

Tout ce qu'elle fait est un effet.

Qualifier la toxicité hépatique ou les vertiges d'"effet secondaire" en dit plus sur nos préférences que sur la pharmacologie.

Cette expérience m'est restée.

Elle a montré comment le langage peut cacher la vérité :

- les effets désirés deviennent "le médicament qui agit",
- les effets indésirables deviennent "effets secondaires",
- mais la molécule agit simplement.

La pensée scientifique nous force à affronter la réalité telle qu'elle est,
et non telle que nous préférerions qu'elle soit.

La science change par conception

Les gens interprètent parfois la révision scientifique comme une faiblesse :

- les recommandations changent,
- les études se contredisent,
- les théories évoluent,
- l'explication d'hier devient la simplification d'aujourd'hui.

Mais ce n'est pas un défaut.

C'est la caractéristique.

La méthode scientifique attend la correction.

Elle est construite pour être temporaire — toujours ouverte à l'amélioration.

Là où l'idéologie essaie de défendre ses vérités,

la science essaie de détruire ses propres vérités pour les remplacer par de meilleures.

C'est pourquoi la connaissance scientifique devient plus précise avec le temps, pas moins.

La structure de la science est une structure d'auto-réparation.

Les idéologies se brisent quand on les remet en cause.

La science grandit.

Confiance vs compétence : la tension Dunning–Kruger

Dans la vie quotidienne, nous naviguons dans le monde avec la confiance d'experts et la base de preuves d'amateurs.

Nous agissons vite.

Nous extrapolons.

Nous faisons confiance à nos intuitions parce qu'elles sont rapides.

L'effet Dunning–Kruger est souvent mal représenté avec des pics dramatiques et des courbes étiquetées, mais son vrai enseignement est plus simple :

Quand on sait très peu,

on manque aussi des connaissances nécessaires pour reconnaître à quel point on sait peu.

Au début de l'apprentissage, l'image mentale est petite et nette.

Tout y tient.

La certitude semble naturelle.

Puis la complexité arrive.

L'image se fissure.

La confiance s'effondre.

Le doute s'installe.

Si l'on persévère assez longtemps au-delà de cette phase,

on atteint une compétence plus calme, plus durable —

celle qui sait exactement où se trouvent ses propres limites.

La science institutionnalise cette humilité :

- par la réplication,
- par la revue par les pairs,
- par la discipline statistique,
- par des méthodes qui punissent la confiance excessive.

Elle nous force à voir notre ignorance.

Et c'est ce qui la rend puissante.

Ne pas savoir n'est pas être incompétent

Une des leçons les plus contre-intuitives de la pensée scientifique est que ne pas savoir quelque chose n'est pas un défaut.

C'est le début de la recherche.

Dans les environnements hiérarchiques ou politiques, "je ne sais pas" sonne souvent comme un échec.

En science, "je ne sais pas" est souvent la chose la plus intelligente dans la pièce.

Les bons scientifiques ne sont pas ceux qui ont toutes les réponses.

Ce sont ceux qui sont exceptionnellement doués pour reconnaître les limites de leurs réponses.

Ne pas savoir vous protège de faire semblant de comprendre ce que vous ne comprenez pas.

Cela garde vos images mentales honnêtes.

Cela empêche vos idées de devenir une idéologie.

C'est pourquoi la méthode scientifique n'est pas réservée aux laboratoires.

C'est une posture cognitive qui s'applique partout :

- "Ma compréhension est un modèle."
- "Il pourrait être incomplet."
- "Quelle preuve le réfuterait ?"
- "Qu'est-ce que j'ignore ?"
- "Comment saurais-je que j'ai tort ?"

Cet état d'esprit ne détruit pas les images mentales.

Il les **civilise**.

Pourquoi la méthode compte plus que les réponses

Un aspect de la science que j'ai toujours admiré est la manière dont elle prend la méthode au sérieux.

Pas les résultats – la méthode.

Un beau résultat obtenu par une procédure défectueuse n'est pas beau du tout.

Le biais de publication, le rapport sélectif, le p-hacking, les critères ambigus – tout cela est traité comme une menace structurelle parce que cela sape l'ensemble de la discipline.

Les scientifiques débattent âprement de la méthodologie.

Ils la critiquent, la raffinent, la repensent, et parfois la rejettent complètement.

Ce n'est pas de la négativité.

C'est de la discipline.

En dehors de la science, la situation est souvent inversée.

La politique est un domaine où la méthode est fréquemment considérée comme un obstacle plutôt que comme une fondation.

Le gerrymandering en est l'exemple le plus clair.

Au lieu de s'accorder sur une méthode neutre et répétable pour dessiner les circonscriptions,

chaque camp construit des limites arbitraires pour maximiser son avantage –

et justifie la distorsion en insistant sur le fait que l'autre camp fait pareil.

Il n'y a pas de méthodologie partagée.

Seulement une volonté partagée de gagner.

Il en va de même pour les attaques contre la séparation des pouvoirs.

Les freins et contrepoids sont parfois critiqués comme lents ou inefficaces –

alors qu'en réalité ce sont les seules méthodes que nous ayons

pour protéger la société des limites, des biais et des ambitions des individus.

En science, nous concevons des contraintes pour réduire les biais.

En politique, beaucoup cherchent à supprimer les contraintes pour accroître leur influence.

C'est l'opposé de l'attitude scientifique.

Imaginer la vie publique régie par la même discipline méthodologique que la science n'est pas naïf –

c'est éclairant :

– Comment cette conclusion a-t-elle été atteinte ?
– Quelles étaient les hypothèses ?
– Qu'est-ce qui la falsifierait ?
– Quelles sont les explications alternatives ?
– La méthode protège-t-elle contre les biais ?

L'absence de méthodologie partagée ne crée pas la liberté.

Elle crée l'arbitraire.

Et l'arbitraire est l'opposé de la compréhension.

Le monde serait bien meilleur si les gens étaient en désaccord sur les conclusions

mais s'accordaient sur la manière dont les conclusions doivent être atteintes.

Cet écart se voit le plus clairement dans certains casse-têtes.

Casse-têtes : Où l'intuition échoue et la méthode commence

Cet écart entre intuition et méthode devient le plus net dans certains casse-têtes — ceux qui ont survécu pendant des décennies précisément parce qu'ils exposent à quel point nos images mentales peuvent être peu fiables.

Considérons le problème de Monty Hall, nommé d'après l'animateur d'un jeu télévisé américain des années 1970 où les candidats choisissent entre trois portes — l'une cachant un prix, deux cachant des chèvres. Les règles sont faciles à décrire, pourtant la conclusion contre-intuitive selon laquelle changer de porte est rationnel continue d'irriter ceux qui estiment que le choix initial "ne devrait pas avoir d'importance".

Ou prenez le casse-tête des cent prisonniers et cent boîtes, un problème dans lequel chaque prisonnier doit trouver son propre numéro caché dans l'une des cent boîtes. L'intuition dit que le succès devrait être presque impossible, pourtant avec la bonne stratégie le groupe a une chance étonnamment élevée de réussir. C'est un parfait exemple de la manière dont la structure émerge des contraintes, et comment le raisonnement individuel perd souvent face aux schémas collectifs.

Et puis il y a le paradoxe du "garçon né un samedi", l'un des nombreux casse-têtes de probabilité où un détail supplémentaire — un jour de la semaine — change la probabilité d'une façon que la plupart des gens trouvent absurde. C'est un rappel que nos images mentales de "comment fonctionne la probabilité" sont souvent construites sur une logique émotionnelle plutôt que sur des règles mathématiques.

Je ne donne pas les solutions ici, car elles se trouvent partout sur internet.

Mais ces casse-têtes valent la peine d'être cherchés — non pas pour se sentir malin, mais pour le plaisir discret de voir l'intuition échouer au ralenti. La leçon scientifique n'est pas la réponse mais l'expérience de découvrir que votre modèle "évident" ne survit pas au contact du problème.

Si vous ne l'avez pas encore fait, vous pouvez les chercher, essayer de les résoudre, et savourer la frustration qui suit. La partie scientifique n'est pas la solution finale — c'est l'expérience de découvrir que votre modèle "évident" ne survit pas au contact de la réalité.

Ce moment — l'échec de l'intuition — est le berceau de la méthode.

Et il reflète quelque chose que l'on voit partout dans le raisonnement quotidien.

> La plupart des gens ne se trompent pas parce qu'ils manquent d'intelligence.
>
> Ils se trompent parce que leur image mentale est trop propre.

Ces casse-têtes rappellent que notre première image d'une situation est rarement notre meilleure image — et que la complexité, explorée méthodiquement, nous récompense par une belle simplicité plus profonde de l'autre côté.

La beauté discrète d'une méthode qui accepte ses limites

La méthode scientifique est inconfortable parce qu'elle nous force à reconnaître les limites de notre compréhension.

Elle est belle parce qu'elle refuse de réduire le monde à la taille de nos images mentales.

Elle nous donne un moyen d'agir sans illusion,

d'explorer sans arrogance,

de mettre à jour nos croyances sans honte.

C'est l'une des rares inventions humaines qui devient plus précise plus elle est mise à l'épreuve,

et plus humble plus elle comprend.

La science n'élimine pas la complexité.

Elle nous apprend à vivre avec elle.

Et dans un livre sur les images mentales, la simplicité, la complexité et l'humilité,

la méthode scientifique est la démonstration la plus claire d'un système construit sur le courage d'admettre :

"Je pourrais avoir tort –

et c'est pourquoi cette méthode fonctionne."

C'est la même humilité que nous avons explorée depuis le début.

15 Compassion à travers la complexité

Commencer quelque chose à partir de zéro a été un thème récurrent dans ma vie professionnelle.

Pas la version glamour de la “success story” de fondateur – mais la vraie, où le premier bureau est un bureau emprunté dans un couloir et la première réunion de planification se tient dans un lieu jamais conçu pour cela.

Lorsque nous avons lancé la course pour construire le premier synchrotron de troisième génération au monde, c’était comme entrer dans un monde où personne n’avait encore marché. (Ne vous inquiétez pas si ces mots ne signifient rien – imaginez simplement un projet si vaste et si nouveau que la plupart se déroule dans des nuits blanches et des bureaux improvisés.) Plus tard, lorsque j’étais en Espagne pour construire un autre synchrotron de troisième génération, l’histoire a commencé dans une cafétéria universitaire à l’UAB. Quelqu’un a simplement ajouté une table dans la cafétéria pour que nous ayons un endroit où nous asseoir et travailler. Le département de mathématiques, qui partageait l’espace, s’en est montré un peu moins enthousiaste.

Mais c’était notre point de départ.

Nous devions tout créer :

– les grilles salariales,

- les contrats,
- les structures organisationnelles,
- les cadres d'approvisionnement,
- les bureaux temporaires,
- et finalement la conception d'un plancher de huit mètres d'épaisseur qui devait être assez stable pour un accélérateur de particules de 300 mètres.

(Nous avons résolu cette partie en construisant une gigantesque "piscine" remplie de gravier pour que le plancher puisse flotter — encore une fois, ne vous préoccupez pas de la physique ; imaginez simplement quelque chose de très grand reposant sur quelque chose de surprenamment délicat.)

Avec le recul, ce qui surprend, c'est ceci : **commencer de zéro était la partie facile.**

Quand on construit une nouvelle organisation, tout le monde part de la même image mentale. Tout le monde est aligné par nécessité. On n'hérite d'aucune histoire, d'aucune rancune, d'aucun silo, d'aucune frustration accumulée. Tout est plus difficile en termes absolus, mais plus simple en termes humains.

La vraie difficulté commence quand on entre dans une organisation déjà existante.

Changer la façon dont les gens travaillent est difficile.

Changer leur façon de penser est plus difficile.

Et changer les schémas qu'ils ont construits autour d'eux pendant dix ou vingt ans — leurs habitudes, peurs, loyautés, rivalités, raccourcis et images mentales — est parfois presque impossible.

On suppose souvent que la difficulté institutionnelle vient des structures.

Mais d'après mon expérience, elle vient de la *distance* entre les structures et les images mentales que les gens s'en font.

À l'intérieur de toute organisation, les gens ne voient que de petits fragments de la réalité des autres.

De ce point de vue partiel, les collègues peuvent sembler paresseux, protégés, incompétents, privilégiés, réticents, peu coopératifs ou injustement avantagés.

Une fois que ces interprétations s'installent, elles se figent.

Si l'incompétence ne suffit plus comme explication, l'esprit bascule sans effort vers l'intention malveillante.

Non pas parce que les gens sont mauvais – mais parce que les images mentales comblent les vides.

Rassembler de tels groupes pour qu'ils travaillent comme une équipe de football – avec attaque et défense en coordination, en se faisant confiance pour jouer le même jeu – est l'une des tâches les plus difficiles que le leadership exige. Et pourtant, c'est aussi la plus nécessaire.

C'est, je pense, la porte naturelle vers ce que ce chapitre cherche à explorer.

> La communication dans des environnements complexes ne consiste pas à transmettre de l'information.
>
> Elle consiste à aligner des images mentales qui se sont éloignées pendant des années.

Tout ce qui suit dans ce chapitre — le désalignement des attentes, les petits malentendus, les interprétations contradictoires, l'histoire émotionnelle derrière de simples désaccords — découle de cette intuition fondamentale.

Une fois que vous voyez cela, le reste du chapitre commence à avoir du sens.

La communication ne réussit qu'à travers l'approximation

Nous aimons imaginer que lorsque nous expliquons quelque chose — dans les organisations, dans les familles, en politique — les gens reçoivent exactement l'image que nous avions l'intention d'envoyer.

Mais ce n'est pas ainsi que fonctionne la cognition humaine.

Chaque esprit porte sa propre architecture, sa propre histoire, sa propre géométrie privée du sens. Quand nous parlons, nous ne synchronisons pas des disques durs. Nous essayons d'aligner deux modèles mentaux construits à partir d'expériences entièrement différentes.

Le mieux que nous puissions espérer dans des environnements complexes n'est pas un alignement parfait.

C'est un alignement *suffisant* – juste assez de structure partagée pour que l'action coordonnée devienne possible.

Pas des images identiques.

Juste des images qui se chevauchent.

Cela change ce que la communication doit viser.

Au lieu de courir après une précision impossible, nous visons :

- la clarté sur l'incertitude,
- la transparence sur les hypothèses,
- l'humilité à propos de notre propre image mentale,
- et la conscience que les autres n'ont pas tort – ils travaillent simplement à partir d'un modèle différent.

Une fois que vous acceptez cela, la coopération devient plus facile.

Non pas parce que le monde devient plus simple,

mais parce que vos attentes vis-à-vis de la communication deviennent plus réalistes.

La beauté dans le chaos

Si nous pouvions tous voir le monde exactement de la même façon, les systèmes complexes deviendraient prévisibles – et fragiles.

La dissidence, les modèles alternatifs, les interprétations concurrentes et les intuitions conflictuelles ne sont pas des défauts de l'organisation humaine ; c'est sa résilience. Les institutions survivent précisément parce qu'aucune image mentale unique ne domine complètement.

Si une vision du monde devient absolue, chaque angle mort devient une catastrophe.

La diversité des perspectives est inconfortable –

mais c'est aussi ce qui maintient les systèmes en vie.

Nous réussissons non pas en éliminant les différences,

mais en les naviguant.

La beauté ne réside pas dans l'uniformité,

mais dans le fragile et mouvant chevauchement entre les images mentales –

juste assez de similitude pour avancer ensemble,

juste assez de différence pour éviter la catastrophe.

La leçon : le conflit comme dialogue de modèles

> Le problème n'est que rarement que les gens voient des images différentes.
>
> Le problème est que nous oublions qu'ils le font.

Quand un conflit surgit, la question la plus productive n'est presque jamais :

- "Qui a raison ?"

Elle est plutôt :

- "Quelle image mentale chaque personne utilise-t-elle ?"
- "Quelles hypothèses sous-tendent cette image ?"
- "Où nos modèles divergent-ils ?"
- "Que simplifie chaque image – et que néglige-t-elle ?"

Comprendre cela n'élimine pas le conflit.
Mais cela le transforme d'une bataille entre personnalités
en une conversation entre modèles.

Ce changement est subtil mais puissant.

Dans les systèmes complexes, les gens ne sont pas difficiles.

Ce sont leurs images mentales qui le sont.

Une fois que vous commencez à voir les images plutôt que les personnes, la charge émotionnelle du désaccord s'évacue.

Vous passez du jugement à la curiosité.

De l'irritation à l'exploration.

C'est là que commence la compassion.

Compassion à travers la complexité

Un avantage inattendu de voir clairement la complexité est qu'elle produit de la compassion.

Quand nous supposons qu'une tâche n'est pas faite parce que quelqu'un ne veut pas la faire, le résultat est frustration, colère et parfois mépris. Mais quand nous voyons que quelque chose n'est pas fait parce que la situation est surchargée, contrainte ou façonnée par des forces que personne ne contrôle individuellement, la réaction émotionnelle change. La compréhension remplace le jugement.

La complexité n'est pas seulement une lentille pour nous comprendre nous-mêmes.

C'est une lentille pour comprendre les autres.

Je trouve souvent étonnant que les gens reconnaissent les insuffisances administratives des grands systèmes — surtout dans des lieux comme les institutions européennes, où l'équité, la conformité et la traçabilité sont traitées comme des principes sacrés — mais n'ajustent pas leurs attentes en conséquence.

Ils reconnaissent la complexité en termes abstraits,

mais dès que la réalité les touche personnellement,

ils reviennent à juger les individus comme si le monde était simple.

Un exemple très ordinaire :
commander un nouvel appareil qui n'était pas prévu dans le plan annuel d'approvisionnement peut facilement prendre un an. Pas parce que les gens ne veulent pas aider, mais parce qu'il faut suivre mille règles pour garantir un traitement égal, une auditabilité, une discipline budgétaire, une neutralité technique et une équité procédurale.

Individuellement, chaque règle est raisonnable.

Collectivement, elles créent une lourdeur administrative à laquelle aucune personne seule ne peut s'échapper.

Pourtant, les gens réagissent à cela de manière contradictoire :

- ils se plaignent de la lenteur,
- ils louent les principes d'équité derrière cette lenteur,
- ils imaginent comme ce serait agréable si les règles ne s'appliquaient pas à *leur* cas,
- ils utilisent les règles pour se protéger de la responsabilité,
- et ils oublient complètement les règles lorsqu'ils forment des attentes à l'égard des autres.

Cette tension — la dissonance entre attentes et moyens — est une usine à frustration.

Quand nous ne voyons pas la complexité, nous diagnostiquons les résultats comme des intentions :

— "Il ne veut pas aider."
— "Elle s'en fiche."
— "Ils nous bloquent."
— "Il est incompétent."

Mais quand nous voyons la complexité, nous diagnostiquons les résultats de manière plus réaliste :

— "C'est difficile."
— "C'est surchargé."
— "C'est régi par des contraintes."
— "C'est le résultat d'un système, pas d'une personne."

Comprendre la complexité nous rend plus bienveillants, pas plus faibles.

Cela réduit la colère parce que cela réduit l'illusion.

Cela nous rend plus patients parce que cela nous rend plus réalistes.

Et cela nous permet de distinguer entre une obstruction réelle

et une contrainte structurelle —

quelque chose dont les organisations, les familles et les sociétés ont désespérément besoin.

La compassion n'est pas sentimentale.

C'est une conséquence de voir le monde tel qu'il est réellement.

Et plus vous voyez la complexité,

plus il devient difficile de blâmer les individus pour la forme des systèmes

qu'ils n'ont jamais conçus

et qu'ils ne peuvent pas contrôler.

Différentes images de "terminé" : ITER, ALBA, et le travail institutionnel

Le même schéma apparaît partout où j'ai travaillé – d'ITER au synchrotron ALBA à Barcelone, jusqu'à l'Agence européenne pour l'asile.

Les gens supposent souvent que l'ingénierie est complexe et que l'administration est simple.

Je n'en suis pas si sûr.

Dans chaque environnement, les gens abordent les problèmes à travers l'image mentale de ce que signifie "terminé" dans leur domaine. Un physicien pourrait penser qu'un problème est résolu une fois qu'il est compris. Un juriste pourrait penser qu'il est résolu une fois qu'il est inscrit dans la réglementation. Un ingénieur pourrait penser qu'il est résolu une fois que la conception est dessinée.

FIGURE 15.1 – Le synchrotron ALBA à Barcelone. Sa géométrie structurelle claire contraste avec la complexité cachée à l'intérieur — un rappel utile que le « fait » a une apparence différente selon l'image mentale de chacun.[1]

En réalité, toutes ces images se chevauchent – mais s’alignent rarement.

J’ai vu cela clairement à ALBA.

Le chef des expériences – un directeur brillant et respecté – m’a un jour dit que les 1 000 moteurs dans les lignes de faisceau étaient “prêts pour le câblage”. Pour lui, la conception était essentiellement terminée. Quand je lui ai demandé combien de moteurs se trouvaient dans une installation spécifique, il a répondu “environ 100”. Quand je lui ai demandé quel type, il n’était pas encore sûr.

Pour lui, le travail de conception était achevé.

Pour nous, la conception du câblage ne pouvait même pas commencer sans positions exactes, types, charges et interfaces.

Il a fallu près d’un an avant que nous ayons une conception suffisamment mûre pour faire le travail qu’il pensait déjà terminé.

Pas parce que quelqu’un avait échoué – mais parce que “terminé” signifiait quelque chose de différent dans son modèle mental que dans le nôtre.

La même chose se produit constamment dans le travail institutionnel.

Les gens pensent que le domaine de l’asile devrait être plus simple que l’ingénierie de la fusion, mais le nombre de paramètres dans chaque décision – juridique, politique, humain, procédural, financier, éthique – est énorme.

"Décidez simplement" est l'équivalent administratif de "coulez simplement le béton".

Chaque domaine donne aux gens une intuition différente de quand un problème est résolu.

La plupart des conflits ne sont que des collisions entre ces intuitions.

FIGURE 15.2 – Les opérations de terrain de l'EUAA sont une mission importante. Le travail administratif peut sembler simple de l'extérieur, mais il contient des couches de complexité juridique, humaine, procédurale et éthique. [2]

Et une fois que vous comprenez cela, votre perspective change.

Ce ne sont pas des désaccords entre personnalités.

Ce sont des modèles décalés de ce qu'est même *l'achèvement.*

Pourquoi comprendre réduit le blâme

Une fois que vous voyez l'architecture cachée derrière les décisions des gens — leurs contraintes, leurs hypothèses, leur version de "terminé" — l'envie de juger devient plus faible.

Le blâme se dissout dans la compréhension.

La frustration devient patience.

Et les désaccords deviennent solvables, non pas parce qu'ils disparaissent, mais parce qu'ils sont enfin débattus au bon niveau : le modèle, pas la personne.

C'est la compassion pratique que la complexité enseigne.

16 Éducation, peur de l'inconnu et entraînement à la complexité

Chercher la complexité comme mode de vie

Je pense parfois que la différence entre ma sœur et moi pourrait se résumer en une phrase :

elle est restée, et moi je suis parti.

Elle vit toujours dans le village où nous avons grandi. Elle a des racines, des amis qu'elle connaît depuis l'enfance, et quand vient son anniversaire, elle doit louer l'une des grandes tentes de fête pour accueillir tout le monde. Sa vie n'est pas simple – la vie de personne ne l'est – mais elle est continue, familière, ancrée.

Moi, en revanche, j'ai semblé déterminé à faire le contraire. Environ tous les dix ans, je changeais de pays, de langue et d'environnement professionnel. Non par agitation ou ambition, mais parce que j'apprécie sincèrement le frottement avec l'inconnu. Même quelque chose de petit – entrer dans une boulangerie sans connaître le nom de la moitié des produits – ressemble à une micro-aventure.

Certaines personnes évitent la complexité. Certaines la tolèrent.

Moi, j'ai l'air de la chercher.

Et ce schéma me suit même en vacances.

Un ami proche est curieux de manière tout aussi peu pratique, et chaque fois que nous voyageons ensemble, nous finissons avec un thème unificateur qui n'aurait de sens pour personne d'autre.

En Toscane, c'étaient les bouteilles de grappa.

Pas la grappa — les bouteilles.

Nous avons passé des jours à visiter des verreries, à parler avec des gens qui avaient passé leur vie à façonner du verre en fusion. Bien sûr, nous ne voulions que dix ou vingt bouteilles, tandis que les propriétaires supposaient que nous parlions de dix mille (mes excuses à ceux qui se souviennent encore de nous). Mais nous avons appris plus sur les goulots, les lignes de moulage et les courbes de refroidissement que n'importe quel visiteur normal.

Lors d'un autre voyage, le sujet était les couteaux pliants Laguiole — et nous avons passé des après-midis à discuter de l'asymétrie des cornes, des nuances entre les aciers 440, et des petites variations qui font que deux couteaux "identiques" se sentent complètement différents. On découvre tout un univers d'artisanat simplement en posant une question de plus que prévu.

Puis il y a eu la Camargue, quand nous avons amené nos chevaux et travaillé quelques jours avec les gens d'une manade. Un travail dur, physique — mais merveilleusement ancrant. On réalise très vite à quel point son image mentale romantique diverge de la réalité du soin de la terre et des animaux.

Aucun de ces détours n'était "nécessaire".

Tous étaient délicieux.

Ce qu'ils partagent n'est pas le tourisme, mais un état d'esprit :

la volonté de pénétrer dans le monde de quelqu'un d'autre, même brièvement, et de laisser leur complexité recalibrer la vôtre.

Parfois ça échoue. Parfois on finit fatigué, ennuyé ou perdu.

Mais parfois on rencontre quelque chose qui transforme votre compréhension d'une manière qu'aucun livre ou cours ne pourrait jamais faire.

C'est, je pense, le cœur de ce que j'entends par **entraînement à la complexité**.

Pas de grandes théories – juste la petite habitude de marcher vers l'inconnu plutôt que d'en fuir.

Et une fois que vous voyez à quel point ces petites rencontres peuvent faire évoluer votre pensée, il devient évident pourquoi nous ne pouvons pas attendre l'âge adulte pour affronter la complexité pour la première fois.

La curiosité s'éteint si elle n'est pas utilisée.

La flexibilité se raidit si elle n'est pas exercée.

Et les images mentales que nous formons tôt – surtout les modèles simplifiés – deviennent l'architecture à travers laquelle nous interprétons le monde plus tard.

C'est pourquoi ce chapitre commence non pas par des règles, mais par l'expérience.

La volonté de s'aventurer dans l'inconnu de petites manières sûres et quotidiennes est exactement le muscle sur lequel nous attendons que les enfants, les étudiants et les futurs adultes s'appuient quand la vie devient difficile.

Ce qui nous amène à la question qui sous-tend tout ce qui suit :

Si la complexité est inévitable,

comment préparer l'esprit avant que les enjeux ne deviennent élevés ?

Et c'est là que ce chapitre commence vraiment.

Le coût émotionnel de la simplification excessive

Le but ultime de ce livre n'est pas seulement de mettre en garde contre la simplification excessive, mais de cultiver un appétit pour la complexité — de réduire la peur de l'inconnu et la peur de ce qui n'est pas encore compris.

Cette aversion peut être très forte. Les personnes qui ont pris des décisions basées sur des modèles simplifiés — surtout des décisions qu'elles ont défendues haut et fort — ne révisent presque jamais ces modèles par la suite. Admettre que leur propre mécompréhension a contribué à un échec est un coût émotionnel trop élevé. La psyché se protège en durcissant le modèle.

J'ai vu cela maintes fois en milieu professionnel.

Un projet échoue, non pas à cause de la malchance mais parce qu'une hypothèse clé était fausse dès le départ. De l'extérieur, on s'attend à ce que ce soit le moment où les gens diront enfin : *"Oui, nous nous sommes trompés."*

On imagine un moment calme et digne de *je vous l'avais bien dit* pour ceux qui avaient averti plus tôt.

Cela n'arrive jamais.

Au contraire, c'est exactement l'inverse qui se produit.

Les gens s'accrochent encore plus fermement à leur raisonnement initial :

- *"L'idée était bonne – le timing était mauvais."*
- *"Le concept est juste – l'exécution était mauvaise."*
- *"Nous aurions réussi si seulement les autres ne nous avaient pas ralentis."*

L'échec ne fragilise pas le modèle mental ; il renforce le besoin émotionnel de le défendre.

Plus la conviction initiale est publique, plus il devient difficile de lâcher prise.

Il est tentant d'interpréter cela comme de l'entêtement.

Mais c'est quelque chose de plus discret et plus humain :

une forme d'auto-protection.

Certaines personnes croient que la réalité finira par forcer tout le monde à “voir la vérité” :

“Une fois que ce projet s’effondrera…”

“Une fois que les résultats seront indéniables…”

“Une fois que l’organisation paiera le prix…”

Mais la réalité ne corrige pas de manière fiable les images mentales.

Très souvent, c’est le contraire qui se produit :

après un choc, les gens s’accrochent encore plus fort à l’histoire qui leur apportait autrefois la certitude.

C’est pourquoi la simplification excessive doit être confrontée avant de se solidifier — car une fois que quelqu’un a réorganisé son identité autour d’un récit simple, inverser ce processus devient presque impossible.

La prévention est la seule stratégie :

entraîner l’esprit à s’engager avec des idées inconnues tôt et souvent, bien avant que les enjeux ne deviennent existentiels.

Pourquoi les enfants ont besoin de complexité tôt

L'éducation joue ici un rôle central.

Il est tentant — au nom de la clarté, de la bienveillance ou de l'efficacité — de présenter aux enfants des systèmes artificiellement simplifiés, des récits lissés ou des explications linéaires au lieu de l'ambiguïté qu'ils rencontreront à l'âge adulte. Mais cette simplification bien intentionnée dessert les futurs adultes. Elle leur enseigne que le monde est plus simple qu'il ne l'est, et que l'inconnu est quelque chose à éviter plutôt qu'à explorer.

Ce que mon père m'a appris sans enseigner

Quand je pense à la façon dont les gens apprennent, je reviens souvent à la manière dont *j'ai* été enseigné — ou peut-être "exposé" est un meilleur mot. Je n'ai jamais appris par des messages simples et emballés. Mon père ne m'a jamais assis pour m'expliquer "comment fonctionne le monde". Au lieu de cela, il m'a placé à l'intérieur.

Je ne sais pas si c'était intentionnel ou accidentel.

Je n'ai plus le luxe de lui demander.

Quand j'étais sur le point de décider ce que j'allais faire de ma vie, il m'a offert la chance de gagner de l'argent pour mes vacances en travaillant dans notre entreprise de construction. Je devais avoir l'air confiant quand il m'a demandé ce que je savais faire. La réponse honnête était : pas grand-chose. Mais j'ai dit que je pouvais au moins travailler comme ouvrier du bâtiment.

Les ouvriers ont trouvé ça hilarant – un adolescent inutile essayant de suivre leur rythme.

À la fin de chaque journée, j'étais tellement épuisé que me coucher à 17 h me semblait une bonne option. Et j'ai appris quelque chose que je n'avais pas prévu : les gens qu'on voit parfois appuyés sur leurs pelles ne sont pas paresseux – ils survivent.

Après deux semaines, j'ai admis ma défaite.

L'argent était bon, mais le travail allait me briser.

Mon père n'avait pas l'air surpris. Il m'a simplement dit que je pouvais faire quelque chose de "plus facile" : jouer le rôle d'un feu tricolore humain – passer un panneau du rouge au vert puis au rouge pour réguler la circulation à sens unique. Je me suis rarement autant ennuyé. Sans téléphones portables, et avec juste assez de responsabilités pour éviter les accidents, les heures s'étiraient à l'infini.

Le travail suivant fut celui de dessinateur industriel, réalisant des coupes transversales des rues tous les 20 mètres. Également répétitif. Mais à un moment, la curiosité a pris le dessus. J'ai commencé à me demander comment optimiser la tâche. Finalement, j'ai utilisé un des premiers ordinateurs à la maison pour écrire un petit programme capable de tracer automatiquement les coupes sur un traceur.

Ça a marché.

Et à ma surprise, j'ai même réussi à vendre le programme à plusieurs entreprises. Ce n'était rien d'héroïque, mais c'était la première fois que quelqu'un me payait pour un logiciel – la première poussée discrète vers l'idée que je pourrais avoir un talent pour "ce truc informatique". Une étiquette qui me suivrait bien plus tard, bien avant que je ne la choisisse délibérément.

Aucune de ces expériences n'était accompagnée de commentaires.

Il n'y avait pas de leçons attachées, pas de "maintenant tu vois comment le monde fonctionne".

Juste une exposition.

Avec le recul, elles m'ont appris plusieurs choses à la fois :

- l'admiration pour les personnes qui font des métiers qui semblent simples mais ne le sont pas,
- la découverte que certains types de travail ne me conviennent pas,
- la joie discrète d'améliorer une tâche que je trouvais ennuyeuse,
- et le sentiment d'être doucement poussé – peut-être par hasard – vers ce que je finirais par choisir.

À l'époque, j'avais l'impression que personne ne se souciait de ce que je deviendrais.
Aujourd'hui, je soupçonne que cette absence de guidance *était* la guidance.

Deux styles d'enseignement, un seul but

Dans notre propre foyer, le contraste entre les méthodes d'enseignement est saisissant.

Ma femme, professeure de mathématiques, enseigne à nos enfants avec structure, clarté et efficacité. Elle a une méthode, une séquence, un rythme pédagogique éprouvé. Les concepts s'appuient les uns sur les autres ; les objections sont anticipées ; chaque étape a sa place.

Ma propre approche est presque l'opposé.

Je préfère enseigner en refusant de donner la réponse trop vite.

Je pose des questions, donne des indices, les guide vers la structure plutôt que de la présenter.

Si vous observiez seulement ma méthode, vous pourriez conclure que j'enseigne de manière inefficace – que les enfants apprendraient plus vite si je leur disais simplement quoi faire.

Et pourtant, quand les deux approches cohabitent, quelque chose de précieux se produit.

La clarté de ma femme leur donne des outils.

Mon refus obstiné de leur remettre les solutions leur donne curiosité et résilience.

Ensemble, ils apprennent à la fois la structure **et** la recherche.

L'un sans l'autre serait incomplet.

Retour au pendule

Chaque fois que j'observe ce contraste, je pense à l'incident du pendule de ma jeunesse. C'est un de ces souvenirs qui a refait surface des années plus tard avec une nouvelle couche de sens – pas sur la physique, mais sur l'enseignement, l'apprentissage, et le but même de la simplification.

Ma femme enseigne avec clarté, structure et efficacité.

Je pose des questions, crée des énigmes, suggère des couches cachées.

Les deux méthodes ont leurs forces.

Les deux ont leurs faiblesses.

Et les deux éclairent le problème du pendule sous des angles différents.

Les enfants n'ont pas besoin d'apprendre dès le premier jour que la fréquence du pendule **dépend** de l'amortissement. Cette information est correcte – mais inutile au mauvais moment. Enseigner la version correcte trop tôt, c'est comme expliquer les mathématiques de l'harmonie à quelqu'un qui veut juste chanter.

La plupart des gens ont besoin d'assez de structure pour fonctionner ; seuls quelques-uns ont besoin des couches plus profondes.

Ma propre réaction d'adolescent était façonnée par le désir d'appartenir à la "tribu de la physique". La plupart des enfants qui apprennent les mathématiques ne cherchent pas à rejoindre une tribu. Ils veulent comprendre, réussir, et passer à autre chose.

Ce qui importe n'est pas qu'une méthode soit "meilleure",

mais qu'elle convienne à l'apprenant

à *ce* moment

sur *ce* chemin.

Une conversation sur les trous noirs (et pourquoi je refuse de mentir pour la simplicité)

Il y a une expérience qui me fait encore sourire quand je pense à la façon dont les gens apprennent – et dont nous enseignons.

Lors d'une conférence, j'ai rencontré quelqu'un de poli et sincèrement enthousiaste à propos de la physique. Il avait lu plusieurs livres de vulgarisation, dont celui de Stephen Hawking, et il voulait "enfin comprendre" ce qu'il avait lu.

Nous avons parlé longuement autour d'un déjeuner.

La conversation a sauté des trous noirs à la fusion, puis à la matière noire – chaque sujet apparaissant au moment où une phrase lui rappelait quelque chose qu'il avait à moitié retenu d'un livre. Ce n'était la faute de personne. La vulgarisation laisse souvent les gens avec des îlots de savoir flottant dans une mer de confusion.

Alors, j'ai expliqué ce que je pouvais, aussi simplement que possible, mais sans franchir la seule ligne que je ne veux jamais franchir :

J'ai refusé de mentir pour la simplicité.

Pour la matière noire, par exemple, j'ai dit quelque chose comme :

"La plupart des physiciens la considèrent comme la meilleure explication des phénomènes observés, par exemple la fréquence de rotation des galaxies. Mais il y a une minorité qui préfère la MOND — dynamique newtonienne modifiée — qui donne les bonnes réponses dans certains cas et échoue dans d'autres. C'est encore débattu"

C'était une simplification, bien sûr — mais honnête.

J'ai omis la plupart des détails, mais pas la vérité.

À la fin, il m'a remercié chaleureusement et a dit :

"Vous voyez ? Vous avez tout parfaitement simplifié pour moi. Je ne comprends pas pourquoi vous n'aimez pas les explications simplifiées."

Je lui ai dit que oui, j'avais simplifié —

mais que je n'avais pas menti.

Je n'avais pas inventé une phrase claire, agréable mais fausse.

Je n'avais pas supprimé l'incertitude juste pour rendre l'image plus lisse.

Il a marqué une pause, puis a souri, et a dit qu'il comprenait enfin ce que je voulais dire.

Ce moment est resté avec moi.

Parce que la simplification n'est pas le problème.

Une simplification n'est dangereuse que lorsqu'elle prétend être toute l'histoire.

La leçon de Feynman : pas mieux, juste différent

Feynman a un jour profondément influencé l'enseignement de la physique avec une nouvelle série de manuels. Lorsqu'on lui a demandé si sa méthode était finalement la meilleure, il a souri et répondu que ce n'était probablement pas mieux — juste différent.

Et peut-être que c'est déjà un bel accomplissement.

Et il existe une forme d'apprentissage qui se situe encore plus en dehors des méthodes formelles.

Apprendre en s'observant

Il y a une autre forme d'apprentissage encore plus négligée : apprendre en s'observant. Nous sous-estimons la quantité d'informations qui se trouve juste devant nous, attendant d'être lue — dans nos actions, les réactions auxquelles nous donnons naissance, et les récits que notre propre esprit se raconte.

Au sein de l'équipe, j'ai eu un collaborateur qui s'était lui-même donné — à moitié en plaisantant, mais pas complètement — le titre de "manager du bonheur".

Après un débat animé sur un sujet que seuls des passionnés peuvent vraiment défendre, je lui ai simplement demandé :

"Quand tu regardes le visage de l'autre personne, penses-tu que ton rôle de *manager du bonheur* a été rempli aujourd'hui ?"

Quelque chose a changé instantanément.

Il n'a pas observé le contenu de l'argument, mais son effet.

Il s'est regardé de l'extérieur.

La conclusion était évidente — pas parce que j'avais expliqué quoi que ce soit, mais parce qu'il pouvait enfin le voir.

Cette capacité à s'observer est rare, mais puissante.
Nous sommes le seul sujet pour lequel nous avons à la fois :

- une vue interne — pensées, motifs, justifications,
- et une vue externe — comportement, ton, impact.

Faire correspondre les deux est inconfortable, mais transformateur.

Je l'ai vécu intensément lorsque j'ai décidé d'arrêter de fumer. Intérieurement, mon cerveau était extraordinairement persuasif : fumer calme; améliore la concentration; renforce les liens sociaux ; fait partie de qui tu es. Le conteur interne avait des arguments sans fin.

Puis j'ai regardé de l'extérieur.

Et l'image était embarrassante de clarté :

cette "chaîne raisonnable d'arguments" n'était rien d'autre que la dépendance à la nicotine qui négociait avec moi.

Cette prise de conscience — pas la volonté — m'a fait arrêter.

Apprendre en s'observant est entraînement à la complexité. Cela nous force à voir la différence entre :

- ce qui semble vrai de l'intérieur,
- ce qui paraît vrai de l'extérieur,
- et là où les deux ne se recoupent pas.

Et cet écart — cet espace inconfortable et minuscule — est précisément là où les images mentales révèlent à la fois leur puissance et leurs limites.

La même distinction apparaît lorsque nous examinons les modèles que nous utilisons professionnellement.

Modèles empruntés vs modèles acquis

Cette différence — entre les modèles que nous construisons nous-mêmes et les modèles que nous recevons simplement — devient encore plus claire dans la vie professionnelle.

Lors d'une conférence de Gartner il y a des années, j'ai observé comment une expérience élégamment complexe était emballée dans des cadres, des quadrants et des raccourcis. Leur travail est impressionnant ; il existe parce que le monde est trop vaste pour être analysé seul. Ils distillent la complexité en quelque chose de gérable.

Mais il y a un coût caché à la clarté que vous n'avez pas gagnée.

Lorsque vous recevez un modèle distillé par d'autres, vous héritez de l'image sans le parcours. Vous obtenez la simplification, mais pas l'échafaudage qui la rendait sûre.

Il y a un monde de différence entre l'image mentale de quelqu'un qui travaille chaque jour sur des modèles Transformer – qui comprend pourquoi "attention is all you need" est à la fois une simplification et une percée – et l'image mentale de quelqu'un qui rencontre la même idée dans une diapositive de conférence ou une vidéo YouTube.

Les deux peuvent utiliser les mêmes mots.

Les deux peuvent croire qu'ils signifient la même chose.

Leurs modèles se situent aux extrémités opposées de la complexité.

Les images mentales importées sont puissantes –

tant que nous nous rappelons qu'elles ont été acquises par quelqu'un d'autre.

Les fondations du courage intellectuel

L'éducation devrait exposer délibérément les enfants à la complexité — des systèmes réels, des problèmes ambigus, des explications partielles, des méthodes qui révèlent leurs propres limites.

Les enfants devraient apprendre non seulement à construire des images mentales, mais aussi à les questionner, à les réviser, et à reconnaître quand elles cessent de fonctionner.

Un entraînement précoce à la fois à l'utilité et au danger des images mentales les prépare à un monde qui ne pliera pas devant leurs simplifications. Il développe la résilience, la curiosité, l'humilité, et la capacité à rester mentalement présent face à l'inconnu.

Ce sont les fondations du bon jugement

et du courage intellectuel.

17 La beauté de la complexité et la liberté de ne pas savoir

L'esprit humain est fait pour simplifier.

Il doit l'être.

Sans simplification, nous ne pourrions pas traverser une journée, encore moins naviguer dans la complexité de la vie moderne.

Les images mentales, stéréotypes, heuristiques et biais ne sont pas des défauts ; ce sont des adaptations de survie.

Elles compressent un monde trop vaste en quelque chose que nous pouvons porter.

Si ce livre a insisté sur une chose, c'est que ces simplifications sont à la fois nécessaires et insuffisantes.

Elles nous aident à agir, mais ne racontent pas toute l'histoire.

Elles nous aident à penser, mais ne garantissent pas que la pensée soit exacte.

Elles nous aident à communiquer, mais créent aussi des malentendus que nous prenons pour des désaccords.

> Le problème n'est pas que nous utilisions des images mentales.
>
> Le problème est d'oublier qu'elles *sont* des images.

La tentation d'un monde sans incertitude

Il y a en chaque personne une part qui souhaiterait que le monde soit plus simple :

- que les experts aient toujours raison,
- que la gouvernance garantisse de bons résultats,
- que les décisions politiques aient des solutions claires,
- que l'expertise s'élargisse plutôt que de se rétrécir,
- que la communication produise de la compréhension,
- que l'expérience produise de la sagesse,
- que la justesse soit évidente.

Ces souhaits sont humains.

Ils sont aussi incompatibles avec la réalité des systèmes complexes.

Nous vivons dans un monde où :

- les décisions sont prises avec une information partielle,
- les conséquences émergent des années plus tard,
- les incitations déforment le jugement,
- les rituels de gouvernance réconfortent plus qu'ils ne clarifient,
- les experts divergent dans leurs tunnels étroits,
- la communication s'appuie sur des images mentales décalées,
- et la plupart des débats sont des arguments entre simplifications incompatibles.

Ce n'est pas un défaut de la société.

C'est la nature de la réalité.

Pourquoi la complexité est inconfortable — et belle

La complexité est inconfortable parce qu'elle résiste à la clôture.

Elle nous rappelle que nos modèles sont provisoires, nos prédictions incertaines, et notre compréhension incomplète.

Mais la complexité est aussi ce qui rend le monde intéressant.

Un monde sans complexité serait terne, prévisible et fragile.

Chaque personne penserait de la même manière.

Chaque décision aurait une réponse évidente.

Chaque domaine serait résolu par un seul diagramme.

Chaque désaccord serait un malentendu plutôt qu'une collision d'hypothèses également légitimes.

Nous serions en sécurité — et stagnants.

La complexité nous force à douter, à réviser, à collaborer, à écouter, et à ajuster nos images mentales.

Elle nous pousse vers l'humilité, pas la paralysie.

Elle demande un effort, mais récompense aussi la curiosité.

Derrière chaque phénomène apparemment simple se cache une cathédrale d'interactions.

Vous ouvrez un placard à balais en vous attendant à trouver un balai, et à la place vous découvrez des arcs-boutants, des arches, et des vitraux — des structures qui révèlent combien d'ingénierie se cache derrière ce qui semble trivial.

Ce n'est pas intimidant une fois qu'on l'accepte.

C'est magnifique.

La dignité de ne pas savoir

Un des thèmes discrets qui traverse ce livre est que ne pas savoir n'est pas un échec.

Ne pas savoir :

- nous libère du dogmatisme,
- nous protège de la fausse certitude,
- nous empêche de confondre les diagrammes avec la réalité,
- nous maintient ouverts à de meilleures explications,
- et nous force à coopérer car personne ne détient l'image complète.

La certitude crée la solitude ;

l'incertitude crée la collaboration.

Il y a une dignité à admettre les limites de notre compréhension.

Il y a une honnêteté à reconnaître que nos images mentales sont des approximations.

Il y a une maturité à agir avec détermination tout en acceptant l'incertitude.

Et il y a une liberté à reconnaître que le monde n'a pas à se conformer à nos attentes pour être intelligible.

Ne pas savoir n'est pas la même chose que ne pas avoir d'opinion

À ce stade, il est essentiel de faire une distinction souvent négligée.

"Ne pas savoir" ne signifie **pas** "ne pas décider".

Et l'incertitude n'excuse **pas** l'indécision.

Tout comme la tolérance ne peut s'étendre à l'intolérance sans se détruire elle-même,

l'acceptation de ne pas savoir ne peut s'étendre à ne jamais former d'opinions ou à ne jamais agir.

Certaines décisions doivent être prises — en politique, dans les organisations, dans les familles —

même lorsque notre compréhension est incomplète :

- embaucher ou ne pas embaucher,

- construire ou retarder,
- intervenir ou se retirer,
- allouer des ressources,
- voter pour une politique,
- s'engager dans une stratégie,
- agir sous pression temporelle.

> La complexité ne supprime pas la responsabilité.
>
> Elle la renforce.

Ne pas savoir signifie reconnaître nos images mentales comme des approximations.
Ne pas avoir d'opinion signifie abandonner tout jugement.

La posture responsable est :

- de tenir des opinions assez fermes pour agir,
- mais assez souples pour réviser,
- et assez honnêtes pour admettre que le chemin alternatif est invisible.

Il n'y a rien d'irresponsable à agir sous incertitude.
C'est la seule condition sous laquelle de vraies décisions sont prises.

C'est pourquoi une certaine posture devient essentielle.

L'attitude que requiert le monde complexe

S'il y a une conclusion pratique à tirer, ce n'est pas de rejeter les images mentales ou d'exiger une rigueur scientifique à chaque conversation.
C'est simplement d'adopter une attitude :

- **Utilisez des images mentales, mais ne les adorez pas.**
- **Faites confiance aux experts, mais reconnaissez leurs limites.**
- **Respectez la gouvernance, mais questionnez les rituels.**
- **Agissez avec détermination, mais jugez avec douceur.**
- **Communiquez clairement, mais attendez-vous à l'asymétrie.**
- **Cherchez des preuves, mais acceptez l'ambiguïté.**
- **Valorisez la profondeur, mais reconnaissez le contexte.**
- **Restez curieux, car la complexité récompense la curiosité.**
- **Ayez des opinions, mais tenez-les avec humilité.**

Cette attitude ne simplifie pas le monde.

Elle fait de nous de meilleurs habitants de celui-ci.

Une dernière pensée

Le but de ce livre n'a jamais été d'éliminer la simplification.

Il était de l'apprécier – et de la replacer dans son contexte.

Les images mentales nous aident à survivre à la complexité de la réalité.

La complexité nous rappelle de traiter ces images avec humilité.

La réalité, indifférente aux deux, continue d'opérer avec sa richesse habituelle.

Nous ne pouvons pas tout savoir.

Nous ne pouvons pas aligner tous les modèles mentaux.

Nous ne pouvons pas éliminer l'incertitude.

Nous ne pouvons pas éviter les biais.

Et nous ne pouvons pas refaire l'expérience deux fois.

Mais nous pouvons choisir comment avancer dans ce monde :

avec modestie plutôt qu'illusion,

avec curiosité plutôt que certitude,

avec conscience plutôt que complaisance,

et avec un respect pour la complexité qui ne paralyse pas l'action

mais lui donne de la profondeur.

C'est, en fin de compte, la tranquille beauté de la complexité :
elle ne nous demande pas de la contrôler –
seulement de la reconnaître.

Épilogue — Ce qui reste

Si ce livre avait un seul argument, ce serait que la simplicité n'est pas l'ennemie et que la complexité n'est pas l'objectif.

Le véritable défi est d'apprendre à naviguer entre les deux — utiliser des images mentales sans les vénérer, évoluer dans les institutions sans ressentiment, juger des décisions sans prétendre tout savoir, être en désaccord sans supposer la malveillance, et rester curieux même lorsque le monde semble trop vaste pour être compris.

La complexité n'est pas quelque chose à résoudre.

C'est quelque chose avec quoi vivre — avec réflexion, légèreté, et un brin d'humour.

Et peut-être que la découverte la plus réconfortante est que l'on peut apprendre à faire cela non pas avec de grandes théories, mais avec les plus petites habitudes : écouter plus attentivement, douter de ses récits lissés les plus parfaits, remarquer ses propres raccourcis mentaux, et avancer, même occasionnellement, vers l'inconnu.

Si ce livre encourage ne serait-ce qu'un seul de ces petits pas, alors tout prend sens.

La complexité n'est pas un obstacle à la compréhension.

C'est le lieu où la compréhension commence.

À propos de l'auteur

Dr Jörg Klora a consacré sa carrière à l'intersection de la science, de l'ingénierie, des systèmes humains et de l'administration publique. Sa trajectoire professionnelle reflète une curiosité persistante pour le comportement des systèmes complexes — que ce soit dans des plasmas chauffés à 150 millions de degrés, dans de grandes institutions régies par des couches de règles, ou dans la mécanique discrète mais décisive de la prise de décision humaine.

Il a commencé sa vie académique en physique nucléaire, obtenant un doctorat en spectroscopie gamma et en structure nucléaire. En chemin, il a étudié la psychologie comportementale, la pharmacologie et la comptabilité — des disciplines qui ont façonné sa compréhension de la façon dont les gens pensent, dont les corps réagissent et dont les systèmes tentent (et échouent souvent) de discipliner le chaos avec des chiffres.

À mesure que la technologie évoluait, il s'est de plus en plus intéressé à l'informatique et à l'intégration des systèmes. Cela l'a conduit à son rôle de **directeur fondateur du synchrotron ALBA à Barcelone**, où il était responsable de **l'informatique et du contrôle**, construisant l'épine dorsale numérique et opérationnelle de la plus grande installation scientifique jamais construite en Espagne à l'époque.

Plus tard, il est devenu **chef du service informatique et membre du comité de direction d'ITER**, l'un des projets scientifiques les plus ambitieux de l'histoire humaine. L'ampleur d'ITER — des millions de composants, des équipes d'ingénierie multinationales, des systèmes cryogéniques, des aimants supraconducteurs et un génie civil à l'échelle d'une cathédrale — offrait une démonstration vivante du fonctionnement de la complexité en pratique. Là, il a vu que la physique spectaculaire est souvent la partie facile; la partie difficile est la coordination de cent mille pièces « simples » dont personne ne contrôle entièrement les interactions.

Pour compléter son travail scientifique et technique, il a obtenu un **Executive MBA de HEC Paris** et un **LL.M. en droit** de l'Université Pompeu Fabra. Ces études ont approfondi son appréciation des dimensions juridiques, psychologiques et managériales des systèmes complexes — les contraintes douces qui façonnent les décisions aussi puissamment que les contraintes physiques.

Aujourd'hui, il travaille à l'**Agence de l'Union européenne pour l'asile**, soutenant les administrations nationales de l'asile à travers l'Europe alors qu'elles naviguent dans l'un des domaines les plus chargés émotionnellement et structurellement contraints des politiques publiques. Cet environnement a renforcé une leçon tirée de la science : les résultats sont moins façonnés par les intentions individuelles que par l'architecture des systèmes dans lesquels les gens évoluent.

Dans tous ces domaines, il a développé un thème constant : **la simplification excessive est confortable mais dangereuse.** Il a vu comment les images mentales peuvent éclairer lorsqu'elles sont utilisées avec soin — et comment elles peuvent induire en erreur lorsqu'elles sont traitées comme des vérités universelles. Son écriture reflète cette double perspective : la modestie de quelqu'un qui a travaillé dans des systèmes trop vastes pour qu'une seule personne puisse les maîtriser et la clarté de quelqu'un qui a passé des décennies à essayer de les comprendre malgré tout.

Il écrit non pas pour faire la leçon, mais pour inviter les lecteurs à une manière de voir — une manière qui embrasse la complexité sans peur, valorise l'humilité plutôt que la certitude et reconnaît la beauté dans les structures désordonnées et irréductibles qui façonnent notre monde.

Nous vivons dans un monde trop vaste pour qu'une seule personne puisse le comprendre.
Alors nous le compressons — en histoires, images mentales, diagrammes et modèles.

Ce livre parle de ce qui se passe ensuite :
comment les simplifications nous guident, nous induisent en erreur, nous réconfortent et nous divisent.
Comment les institutions prennent des décisions avec une visibilité partielle.
Comment les experts se rétrécissent au lieu de s'élargir.
Et comment un peu d'humilité à l'égard de nos propres images mentales peut rendre le monde plus navigable, pas moins.

Beautiful Complexity est une invitation à la curiosité —
et à la tranquille dignité de ne pas tout savoir.

www.ingramcontent.com/pod-product-compliance
Lightning Source LLC
LaVergne TN
LVHW100128051026
849525LV00004B/1322